未来世界由你建造

〔俄罗斯〕波琳娜·法捷耶娃　著
〔俄罗斯〕阿妮亚·阿里亚莫娃　绘
杨正　译

人民文学出版社　天天出版社

尊敬的成年读者，您好！

您现在手里拿的这本书是关于建筑师以及他们设计的建筑。您既可以按顺序从头读到尾，也可以不按顺序挑着读，但我们建议您从头到尾仔细读上哪怕一遍，这样本书的全部章节才会为您勾勒出一幅20世纪建筑发展的整体图景。在本书中，您将看到那些伟大的建筑师是如何相互学习、彼此争论同时又不断对话的。也许有读者会问（尤其是与建筑和艺术领域相关的读者）：为何作者偏偏挑选出这20位建筑师作为本书的主人公？我们这样做当然有自己的理由。不过，这份名单仍然只是我们的主观选择，希望它能启发各位读者去主动寻找你们自己心目中的人选。

书中每一位主人公的生平都包含其童年时期的信息。任何一位建筑大师曾经都只是个孩子，而童年是人生中最精彩的时光。我们坚信，每个孩子都有各自的天分，父母的责任就是发现并保持每个孩子身上的火种不灭。这些建筑师的经历证明，对孩子来说，寻常的一支铅笔和一张纸就已经开始构成真正的奇迹了！

我们年纪越长，就越发快速地远离童年那个自由自在的自己。我们每个人自儿时起就热烈地渴望这种自由，而书中的每一位主人公一辈子都没有丢失这份初心。我们希望，本书可以帮助您教会孩子如何在寻常事物中发现奇迹，以及如何随着年龄的增长始终保持这种能力。这正是建筑大师们成功的秘诀！

最后祝您阅读愉快！

波琳娜·法捷耶娃和阿妮亚·阿里亚莫娃

尊敬的少儿读者，你好！

你选择了我们这本书实在是太好了！希望你能从书中发现许多有趣的东西。

我是本书的作者波琳娜。阿妮亚是一位画家，书里所有配图都出自她的笔下。我们是从小玩到大的好朋友，而且我们都是——建筑师！不仅仅我们是，我们的父母、爷爷和奶奶也都是建筑师。我们从小就被艺术创作的氛围包围，大人们谈论的话题基本都是围绕建筑师这个职业，因此长大后我们也成为建筑师便一点也不奇怪了。不过读完这本书你就会发现，即使生于普通家庭，也照样能找到属于自己的人生道路。

本书中我们集合了一支非常强大的建筑师队伍。他们中的每个人都有自己的故事，不过他们也有一个共同点，那就是：他们一直到老都仍然葆有童心，始终大胆发挥想象力，并且孜孜不倦地玩他们的“方块拼图”游戏！

这里我们有一个小提醒：有时候建筑师们喜欢使用专门的词语。本书的结尾附了一张词汇表，我们会尽力把这些词语解释清楚。如果遇到读不懂的地方，可以随时翻看这张词汇表。

请大家阅读此书吧，随着你一页一页往下读，你一定会不断收获新的印象。

你的波琳娜和阿妮亚

著作权合同登记：图字 01-2022-6836

First published in Russia by A+A, an imprint of Ad Marginem Press

图书在版编目（CIP）数据

未来世界由你建造 / (俄罗斯) 波琳娜·法捷耶娃著;(俄罗斯) 阿妮亚·阿里亚莫娃绘；杨正译.
-- 北京 :天天出版社, 2024.1
ISBN 978-7-5016-2170-5

Ⅰ. ①未… Ⅱ. ①波… ②阿… ③杨… Ⅲ. ①建筑史—世界—儿童读物 Ⅳ. ①TU-091

中国国家版本馆CIP数据核字(2023)第215311号

责任编辑：王　苗　　美术编辑：卢　婧
责任印制：康远超　张　璞

出版发行：天天出版社有限责任公司
地址：北京市东城区东中街 42 号　　邮编：100027
市场部：010-64169902　　传真：010-64169902
网址：http://www.tiantianpublishing.com
邮箱：tiantiancbs@163.com

印刷：北京新华印刷有限公司　　经销：全国新华书店等
开本：889 × 1194　1/16　　印张：8
版次：2024 年 1 月北京第 1 版　　印次：2024 年 1 月第 1 次印刷
字数：120 千字

书号：978-7-5016-2170-5　　定价：128.00 元

致谢

我是本书的作者波琳娜·法捷耶娃，一名建筑师。借此机会，我想对自己最好的朋友阿妮亚·阿里亚莫娃表达谢意。她也是位建筑师，同时又是一名出色的画家。是的，本书的配图全部为她亲手所绘！

接下来我想对其他有关人员表示感谢。

感谢我们二人各自的父母和我们的爷爷奶奶辈的亲人。对本书贡献最大的是我们的奶奶和建筑师爷爷。正是他们一手开创了我们建筑世家的历史。

非常感谢德米特里·莫尔德文采夫以及整个ABCdesign团队和A+A出版社，他们举办的ABCDbooks竞赛促成了此书的诞生。感谢塔尼亚·鲍里索娃通过网络与我联系，并建议我们去参赛。

感谢本书学术编辑阿妮亚·马尔托维茨卡娅，她不仅高度评价了我们当初提交的参赛申请书，而且此后对本书内容的修改提出了许多建议。

在卡西娅·杰尼谢维奇的帮助下，这本书的思想变得更加深刻了。谢谢你如此细致地了解我们的想法！

感谢阿妮亚·博罗诺维茨卡娅的系列讲座，她现在是我们的专业顾问。

感谢莫斯科建筑学院所有老师的专业培养！

感谢我们的朋友们，他们与我们一同期待本书的问世！

还要感谢我们各自的丈夫对我们的关心和支持！

目录

诺曼·福斯特
64页
HSBC
理查德·罗杰斯
70页
佛登斯列·汉德瓦萨
76页
奥斯卡·尼迈耶
86页
贝聿铭
80页
弗兰克·盖里
92页
阿尔瓦罗·西扎
98页
圣地亚哥·
卡拉特拉瓦
104页
理查德·迈耶
110页
扎哈·哈迪德
114页

勒·柯布西耶

(1887—1965)

柯布西耶是20世纪最著名、最有影响力的建筑师之一。他精力充沛、性格坚毅、做事果断、成绩斐然，激发了无数年轻人对建筑设计事业的热情。其中有许多追随者后来也成为伟大的建筑师，甚至成就丝毫不亚于他本人！

柯布西耶原名叫查尔斯·爱德华·让奈赫特，1887年出生在瑞士。柯布西耶儿时就读的是当地最好的学校。从小就有人教育他，几何是一切的基础。他自幼就表现出绘画天赋，于是被送进艺术学校学习。学习期间，有老师发现他特别善于将自己的艺术爱好与卓越的空间思维能力结合起来。正是得益于这种能力，柯布西耶17岁时就与人合建了一栋私人别墅，这是他参与设计的第一部作品。他用挣得的报酬广泛游历了欧洲各大城市。之后，他在旅行中都会带上一支铅笔、一本画册和一部相机，他在旅途中完成了大量的结构设计和细节草图。

我们的周围全是几何！

1917年，柯布西耶移居巴黎，全身心投入到创作之中。他从事绘画和雕塑工作，提出了量产式住宅建设理念并获得专利。此外，他还创办了《新精神》杂志。

这一时期，柯布西耶脑海里理想城市的观念开始成形，杂乱无章的设计应当被清晰的几何线条、纯净的色彩和充足的阳光取代。他把自己理想中的城市称作“光辉之城”，它就好像瑞士名表中各部件那样运转协调！城市的规划十分匀称，一栋栋摩天大楼矗立在绿荫之中，楼间距很宽，丝毫不会遮住阳光。这里清晰地划分出居住区、工作区和休闲区，人行道和车行道彼此没有交会。柯布西耶曾建议将巴黎市中心的一半建筑拆除，以便把法国的首都变成“未来之城”。他对自己的才能非常自信，所以当他的提议遭到政府和市民的反对时，他感到异常愤怒。

“光辉之城”的理想注定无法付诸现实，然而这种不局限于个别建筑而注重城市整体的思维方式无异于城市建设理念中的一次革命。柯布西耶在1933年起草了《雅典宪章》，该文件确立了城市规划应当遵循的新规则。宪章的主要原则就是清晰的几何设计和严格的功能分区。

萨伏伊别墅

1930年(法国，普瓦西)

柯布西耶精力充沛，十分让人羡慕。他是一个为“新建筑艺术”奋斗的真勇士，他一贯从理论和实践两方面抵制那种古典的和过于倚重装饰的建筑艺术。

在研究了新建材，尤其是越来越普及的钢筋混凝土材料的特点之后，柯布西耶推出了房屋建筑的五项原则：

1.建筑一定要有支撑物，这样房屋“支撑腿”下面就会留有供人走动和布置绿化的空间。

2.由于新材料的使用，屋顶变得平坦起来，应该在此布置绿化。

3.设计方案应当是自由的。由于房屋整体被立柱支撑，因此每一层的墙体都可以任意搭建！

4.建筑的外立面也应当是自由的。如果立柱支撑了所有楼层和屋顶，那么立面就可以随意安

到房屋架构上，因此完全可以做到建筑师的想象力有多丰富，建筑立面的外观创作就有多大胆。

5.窗户应当设计成水平“带状”。既然立面是不受限制的，那么应当让更多的自然光照射进来。

上述五项原则并非柯布西耶一人的独创。20世纪初许多建筑师都抱有类似的想法，因此，就连当时的建筑风格也被称作“国际主义风格”。行事干脆、作风果断的柯布西耶能够清晰阐明新建筑的基本原则并将其列为行动指南。

柯布西耶为一名法国实业家设计的这栋萨伏伊别墅便体现了上述五项原则。虽然该设计并非完美无瑕：第一年种有绿色植物的屋顶就开始漏水。屋主被维修工作折腾得疲惫不堪，甚至不得不搬出别墅。最终，房屋修缮工作由柯布西耶亲自监工完成，萨伏伊别墅在柯布西耶生前就被公认为建筑文物。

模度理论

1945年

模度理论是柯布西耶的又一革命性创意。他提出一种测量体系，并认为借助该体系可以让建筑设计得更加实用。柯布西耶以一个身高183厘米、单臂高举的人为基准，计算出住宅天花板最低、最合适的高度为223厘米。这比我们今天一扇标准尺寸的门要稍高一些。这个高度相当中规中矩。该体系并未被社会广泛接纳，然而柯布西耶本人1945年之后设计的所有住宅建筑都是按照这一模度理论来测量的。

蟹壳下的教堂

1950—1955年（法国，朗香）

这栋玄妙的建筑被称为朗香圣母教堂。原先的教堂在“二战”期间被严重毁坏，经验丰富、声名显赫的柯布西耶受邀在原址上建造一座新教堂。最终完成的教堂集中体现了他的众多设计理念和解决方案，光是研究这座教堂建筑的书就出版了好几本。

有意思的是，柯布西耶给屋顶设计了一个非常奇特的外形，灵感来自他在海边捡到的一块蟹壳。看吧，就是这样一个很不起眼的发现，成为一部伟大的建筑作品。

舒服机

1928年

柯布西耶把自己与他人共同设计的这款LC4躺椅叫作“舒服机”。该设计距今已有近一个世纪了！这款躺椅的其他两名设计者分别是法国人夏洛特·贝里安和柯布西耶的表弟皮埃尔·让纳雷。

除了躺椅，柯布西耶还设计过其他家具，这些设计的外观至今都很现代，并且价格不菲，获得业内专家的高度评价。

没有楼梯的大楼

1928–1936年

坐落于莫斯科的中央联盟总部大楼是“漫步空间”设计理念的一次成功应用。大楼的主体建筑里竟然没有楼梯！工作人员和访客只能通过一条长长的坡道漫步于楼层之间，坡道的拐弯处为圆弧形。如果需要快速上下楼，可以乘坐一种一直不停运转的电梯（帕特诺斯特电梯）。该建筑的内部至今仍保留着柯布西耶的风格，然而建筑的立面从来没有完全合乎过他的最初设想。由于当时的苏联正处于艰难时期，如此奢华的建筑自然引起社会的强烈不满，因此很多地方不得不按照简洁和节俭的原则来处理。

柯布西耶的价值

虽然，柯布西耶的肖像被印在面值只有10瑞士法郎的纸币上，但他在建筑史上的贡献是无价的。他设计的17栋建筑被公认为世界文化遗产。他的理念激励着全世界成千上万的人，他们中的许多人后来也成长为建筑大师！

从零开始的城市 *1951–1956年（印度，昌迪加尔）*

1950年柯布西耶受邀前往印度为旁遮普邦的新首府昌迪加尔市做设计规划。昌迪加尔规划是柯布西耶完成的规模最大的一项设计。除了城市规划，他还设计了许多别具一格的建筑。早年的他一直梦想能建造摩天大楼，但在昌迪加尔他并没有这样做。这时柯布西耶的艺术风格已日臻成熟，他充分考虑到当地的传统和审美趣味，并巧妙地加以处理。他设计的议会大厦被认为是最令人称奇的建筑之一。整个大厦好像翱翔在水面之上！

瓦尔特·格罗皮乌斯

(1883—1969)

格罗皮乌斯对现代建筑艺术的发展做出了不可估量的贡献。在20世纪科技工艺不断获得突破性进展的历史条件下，他创造出培养新时代建筑师的方法。

格罗皮乌斯1883年出生于德国柏林。他的父亲和外祖父都是著名的建筑师。由此看来，他的职业选择其实早已注定。除了学习，格罗皮乌斯还服过兵役。他参加过第一次世界大战并获得过几枚最高级别的军官奖章。1918年“一战”结束后，他当选为魏玛市两所艺术院校的校长。一年后，他将两校合并成为著名的包豪斯学院。从这里走出了数十位重量级画家、设计师、工艺师和建筑师。

包豪斯学院的宗旨不是为了普及某种“风格”、体系或者学说，而是为了对艺术设计施加积极的影响。

格罗皮乌斯这样一个处事拘谨、具有军官做派的人竟然能创立以自由为招牌的包豪斯学院，这着实令人称奇！该学院营造出一种在艺术探索中求实创新的氛围，师生关系也非常融洽。

很快，这种精神不为当权者所需，包豪斯学院不得不从魏玛搬迁至德绍。学院在新址又维持了六年，而这期间格罗皮乌斯任校长的时间仅有三年。他认为，教师的个人魅力比他的学识更为重要。可能也正是这个原因，失去了创始人的包豪斯学院未能长久生存下去。然而，包豪斯学院的精神时至今日依然存在于世界上每一所具有创新精神的学院里。

BAUHAUS

法古斯工厂

1910—1913年(德国，莱茵河畔的阿尔费尔德)

法古斯鞋楦厂是格罗皮乌斯设计的第一座大型建筑，该设计是他与阿道夫·梅耶合作完成的。他们俩在第一次世界大战前就曾一起创办过事务所，后来又在包豪斯学院一同任教。

法古斯鞋楦厂是欧洲第一家生产矫形鞋的厂家。厂长卡尔·本施奈特一直希望工厂的建筑设计能够体现他在企业经营方面的创新精神。他把此项重任毅然交付给了当时只有27岁的格罗皮乌斯，对他表现出完全的信任，最终诞生了这座被认为是20世纪建筑史上第一次重大突破的厂房建筑。工厂里各生产车间的分布在当时就显得与众不同：全部的生产工序都集中在同一屋檐下。巨大的玻璃幕墙使得厂房变得通透敞亮，这也体现了厂长对员工的关怀。就连厂房轻盈

的转角也都完全由玻璃构成，这是由于钢承重结构被隐藏在立柱的内部，一系列砖墩彼此间悬起狭窄的窗框来支撑玻璃。厂房设计轻盈又富有律动感，成为柯布西耶建筑五项原则的基础，同时被后辈建筑师们奉为设计蓝本。

一百年过去了，如今法古斯工厂里建了一座格罗皮乌斯和梅耶博物馆，这里会举办一些展览和音乐会，同时工厂还在做鞋。可见，不仅建筑师的辉煌得以延续，当初敢于完全信赖他的厂长卡尔·本施奈特经营的业务也兴旺至今。从这个意义上讲，历史是公正的。

格罗皮乌斯自宅

1937–1938年(美国，马萨诸塞州林肯郡)

1937年，格罗皮乌斯和他的妻子艾斯一起移民到美国，他们没有什么积蓄，一切都得从头开始。不过，这位传奇建筑师并不愁无事可做。有人决定资助他，让他建造供格罗皮乌斯一家人居住的自宅。从某种意义上说，格罗皮乌斯12岁的养女阿蒂也“参与”了设计。为满足女儿的要求，格罗皮乌斯在自宅的立面单独设计了螺旋梯入口，从这里可以直接登上二楼女儿的卧室。阿蒂还提出建造玻璃天窗和沙滩地板的要求，虽然这两个要求最终未能实现，但格罗皮乌斯为女儿设计了一间可以直通住宅大阳台的卧室。

果然不出所料，自宅一经完成就在当地引起轰动，美国人还从来没见过这样的建筑。这位欧洲来客设计的奇怪住宅令整个林肯郡的人都慕名而来，希望一睹为快。

做一回包豪斯学院的学生！

2019年，德绍建成了一座最大的包豪斯学院博物馆，藏品多达49000件。博物馆坐落在一栋现代化建筑里，与包豪斯学院街区非常搭配。是的，如今包豪斯学院已占据整个街区。这里除了新建的博物馆外，还可以参观格罗皮乌斯设计的包豪斯学院主楼，走进学院的校舍，甚至还能够在完全保留了20世纪20年代风格的宿舍里留宿一夜。

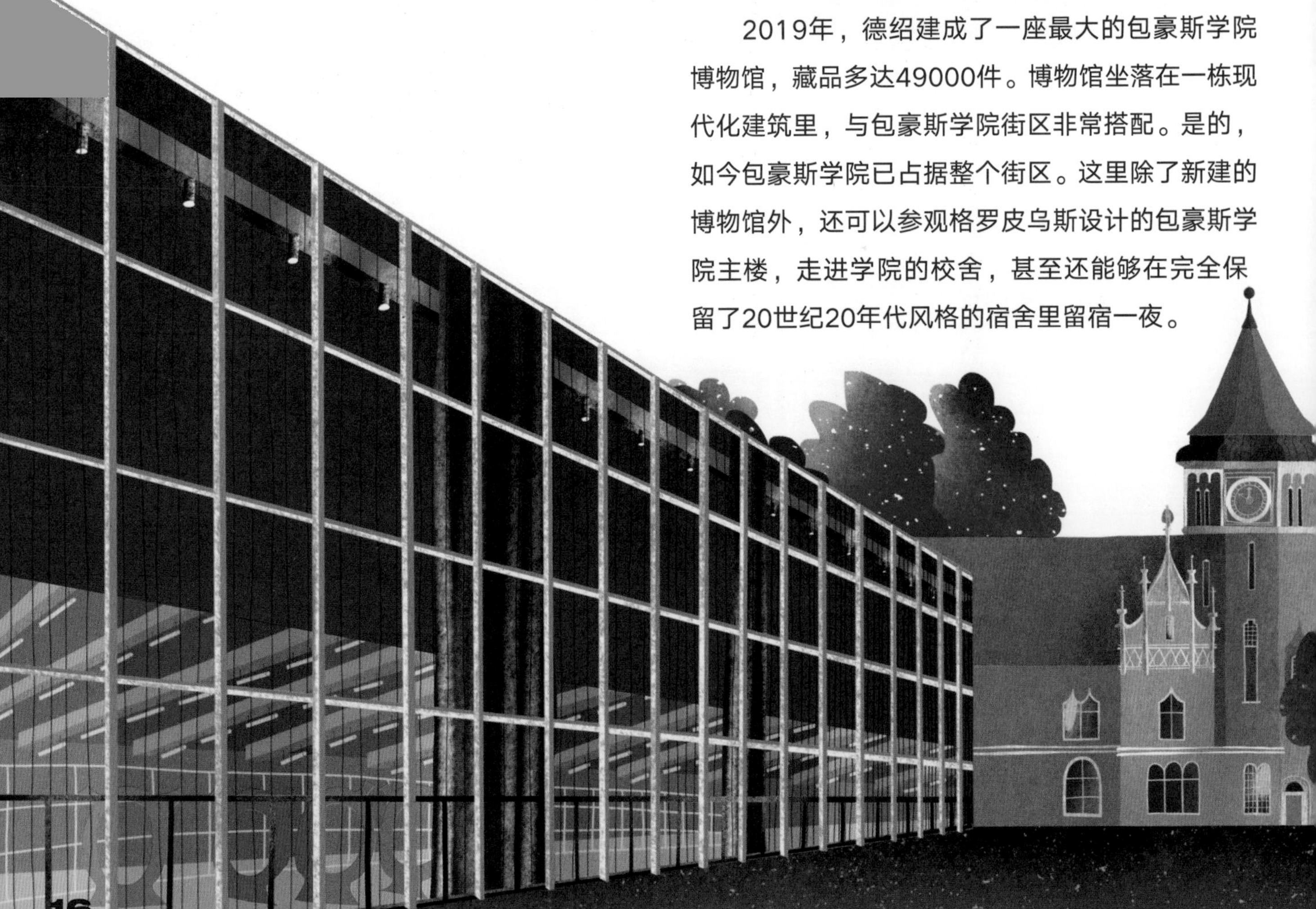

瓦西里椅

1922年，著名抽象派画家瓦西里·康定斯基受格罗皮乌斯之邀来包豪斯学院任教。在这里，他主持了画家工作坊，并亲授数门课程，包括最重要的一门必修“色彩”课。在课上，康定斯基提出，颜色对于物体的形状具有重要意义。这一思想后来在众多设计师和建筑师的作品中得到了体现。

1925年，建筑师马塞尔·布劳耶采用弯曲的钢管设计了一款神奇的椅子。世界上还从来没有过这样的椅子！他的老师康定斯基非常喜欢这个设计。后来，为了纪念他，这把椅子就被称作“瓦西里椅”。

房屋设计精细到门把手！ *1923年*

包豪斯学院在迁往德绍之前，在魏玛办了一个汇报展，展示的是一栋面积不大的正方形住宅。该展品完全体现了功能主义理念。从住宅本身到门把手的设计，全部由包豪斯学院的师生完成。门把手的设计者就是瓦尔特·格罗皮乌斯。该设计堪称完美却又简单易用，在所有包豪斯学院设计的作品中它成了最为畅销的物件。与瓦西里椅一样，瓦尔特·格罗皮乌斯门把手现在仍然可以在市场上购买到。

柏林档案馆

包豪斯学院档案馆是1964年由格罗皮乌斯设计的，该馆最初准备建在达姆施塔特市。格罗皮乌斯去世后，他的同事们继续完成了这一设计，档案馆最终于1970年代末在柏林落成。前后风格的衔接是难点，但设计者们完全保留了格罗皮乌斯原本的规划理念和引人注目的建筑外观。今天，这里坐落着继魏玛和德绍之后的第三座包豪斯学院博物馆。

格里特·里特维尔德
(1888—1964)

里特维尔德出生于荷兰的乌特勒支。11岁时，他白天在父亲的木匠铺里帮工，晚上就去当地一家实用艺术博物馆学习绘图。这就是他所接受的全部专业教育。12岁时，里特维尔德开了一家属于自己的家具铺，并且在工作上尽可能不走寻常路。在他看来，手工制作家具太过耗费劳力，产品也十分笨重和昂贵。于是他就想，能否将这一过程进行自动化处理并降低产品价格？里特维尔德是认真思考并推出设计简约、价格便宜的室内家具的第一人。

1917年，荷兰诞生了一个新艺术团体，名为“风格（De Stijl）”。该团体及其同名杂志的创办者是建筑师、画家提奥·范·杜斯堡。里特维尔德不久后也加入该团体并成为其精神领袖之一。

风格派团体的理念便体现在其名称“风格”一词上，这一点在其成员的创作中得到充分体现，他们塑造出真正独一无二的风格。团体成员中无论是画家、雕塑家还是设计师，全都严格遵守原则。他们只使用红蓝黄这三种主要颜色，偶尔也将黑白两色作为辅助色。线条只有水平线或者垂直线，没有任何圆线条或者曲线，不过，可以将物体旋转45度——这已经是被允许的最大限度了。在风格派的艺术中，空间是开放和包罗万象的。比如，隔墙是可移动式的，这样在必要时可以轻松改变布局。风格派团体对包豪斯学院风格产生了很大的影响，包豪斯学院甚至在1921年至1923年间专门开设过一门名为“风格”的课程。

里特维尔德是风格派在建筑艺术领域最杰出的代表，他将该团体的理念大范围运用到自己的创作实践中。

为了纪念这位杰出的建筑家，1968年，阿姆斯特丹艺术与设计学院更名为格里特·里特维尔德学院，并一直延续至今。

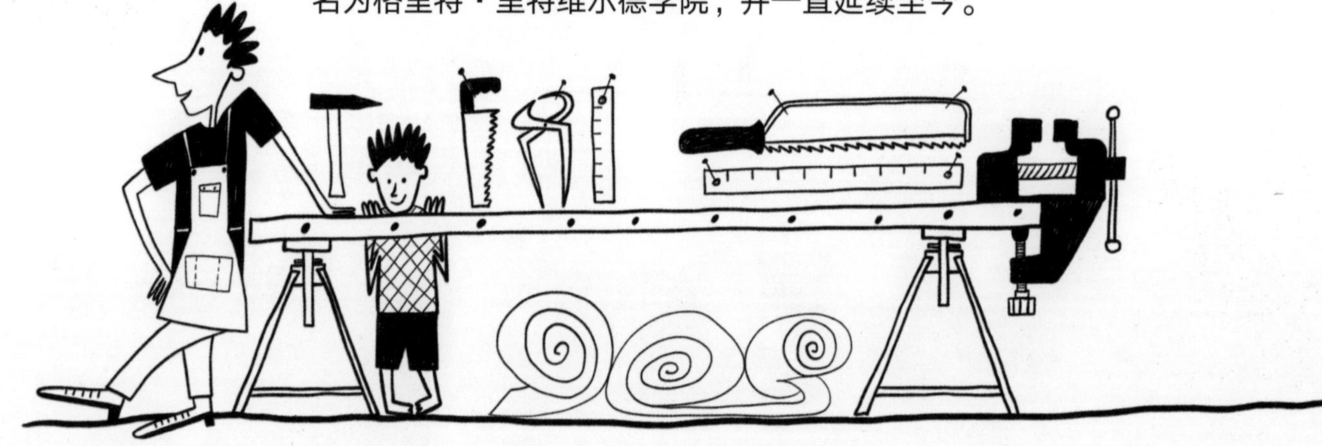

施罗德住宅

1924年(荷兰，乌特勒支)

1924年，里特维尔德在故乡乌特勒支为一位家境殷实的女性特卢斯·施罗德建造了一栋住宅。施罗德住宅是里特维尔德的建筑代表作，它集中体现了风格派的全部理念。施罗德为里特维尔德的全新理念和高超技艺所折服。她希望能住在一栋超现代化的房子里，将自己的三个孩子养大成人，因此她要求里特维尔德提出最大胆的设计方案。为了能与市政机关就房屋建设事宜达成一致，住宅的一楼按照普通样式设计。二楼的设计完全按照委托人和设计师的想法展开。这里是一个公共空间，室内家具能够自由变换样式，晚上可以移动隔墙将孩子们的卧室隔开。所有这一切都是里特维尔德亲手设计的。内饰以红、黄、蓝为主色调，配以中性的灰色和黑色。住宅配有升降货梯和能够与一楼进行通话的对讲机，这就使得全部房屋都尽在女主人的掌握之中。

施罗德住宅是高技派风格与极简主义风格建筑的先驱。里特维尔德首创的可移动性空间如今已成为住宅和办公场所的标配。

里特维尔德去世后，施罗德创立了里特维尔德基金，仔细照料这栋住宅并主动带领游客前来参观。后来她的女儿尤汉娜在里特维尔德的影响下成为欧洲最早的女性建筑师之一。

生活画卷

特卢斯·施罗德在乔迁新居之后，日常生活中的一切都发生了变化。比如，她从墙上摘下了荷兰古典大师们的画作，取而代之的是风格派艺术的又一重量级人物彼埃·蒙德里安的抽象画。于是，施罗德住宅里一切都显得非常和谐：红黄蓝的主色调与画上的笔直线条，都与地板上的图案相得益彰。

里特维尔德电灯

1920年

里特维尔德曾为一名医生的办公室设计这样一盏乍看起来十分简单的电灯。然而在那个年代，这种两端用木头方块镶嵌的玻璃照明灯管是非常独特的设计。施罗德住宅里使用的这些飞利浦（PHILIPS）牌灯泡至今都能正常照明，因为这里的人非常小心地使用它们，一旦灯泡烧坏，就立即把它们修好。

红蓝椅

1918年

这把远称不上舒适的椅子，是风格派的又一标志，也是里特维尔德追求极简设计理念的体现。最初这把木椅并没有上色，1923年才被涂成红蓝两色，因而得名“红蓝椅”。今天，红蓝椅已进入当代各家著名艺术博物馆的馆藏和设计史方面的教科书里。

里特维尔德忠于自己的理想，因此在施罗德住宅的客厅里摆放的正是这样的椅子。

康斯坦丁·梅尔尼科夫

(1890—1974)

俄国建筑师梅尔尼科夫1890年7月22日出生在莫斯科一个普通家庭。他的母亲是农民，父亲在农业科学院任职。家里兄弟姐妹众多，生活十分拮据，要维持生计唯有坚持不懈地劳动。然而，当父亲发现儿子身上的创作才能时，便决定培养他，于是开始从单位带一些小纸片回家给儿子写写画画。儿时的梅尔尼科夫用泥巴捏了很多东西，但他捏的不是孩子们最常见的士兵或者小动物，而是一些圆柱体、球体和其他几何形状。梅尔尼科夫从小不仅与这些立体模型玩耍，而且还和光线打交道。有一次，他把一个罐子埋进地里，罐底放有一张色彩鲜艳的明信片，然后从旁边挖出一条通往那个罐子的地道，好让太阳光能够直接照射到明信片上。邻居家的男孩们趴在地上如痴如醉地欣赏着这个狭小的地下王国。13岁那年，通过母亲的朋友介绍，梅尔尼科夫来到莫斯科著名的工程师弗谢沃罗德·恰普林家。恰普林立刻就发现了他身上的天赋，于是帮助他进入莫斯科绘画、雕塑与建筑学院学习。1918年，梅尔尼科夫以优异的成绩从学院毕业，此后任职于莫斯科总规划设计工作室。4年后他参加了全俄农业与手工业博览会，完成了自己的第一件创新设计作品——马合烟馆。当时，初出茅庐的梅尔尼科夫接手的是面积最小、最不重要的展馆，结果他的作品却大放异彩。他并没有采用华丽的装饰，而是运用全新的方法解决了建筑体量问题。比如，他运用悬挑式结构、开放式螺旋楼梯和无须结构支承的玻璃幕墙等。这些手法对20世纪的建筑外观起到了决定性作用，至今仍被采用。

伟大的建筑艺术展现出美轮美奂的优雅气质，
像一把把金钥匙破解其艺术魅力中令人惊叹的奥秘。

新时期出现了新的建筑艺术旨趣，这位建筑大师变得无人问津。莫斯科建筑师之家首次举办梅尔尼科夫个人作品大型展览时，他已是75岁高龄。时隔30年之后，曾一度被遗忘的梅尔尼科夫终于被公认为伟大的创新者，此后人们对其作品的兴趣丝毫未减。

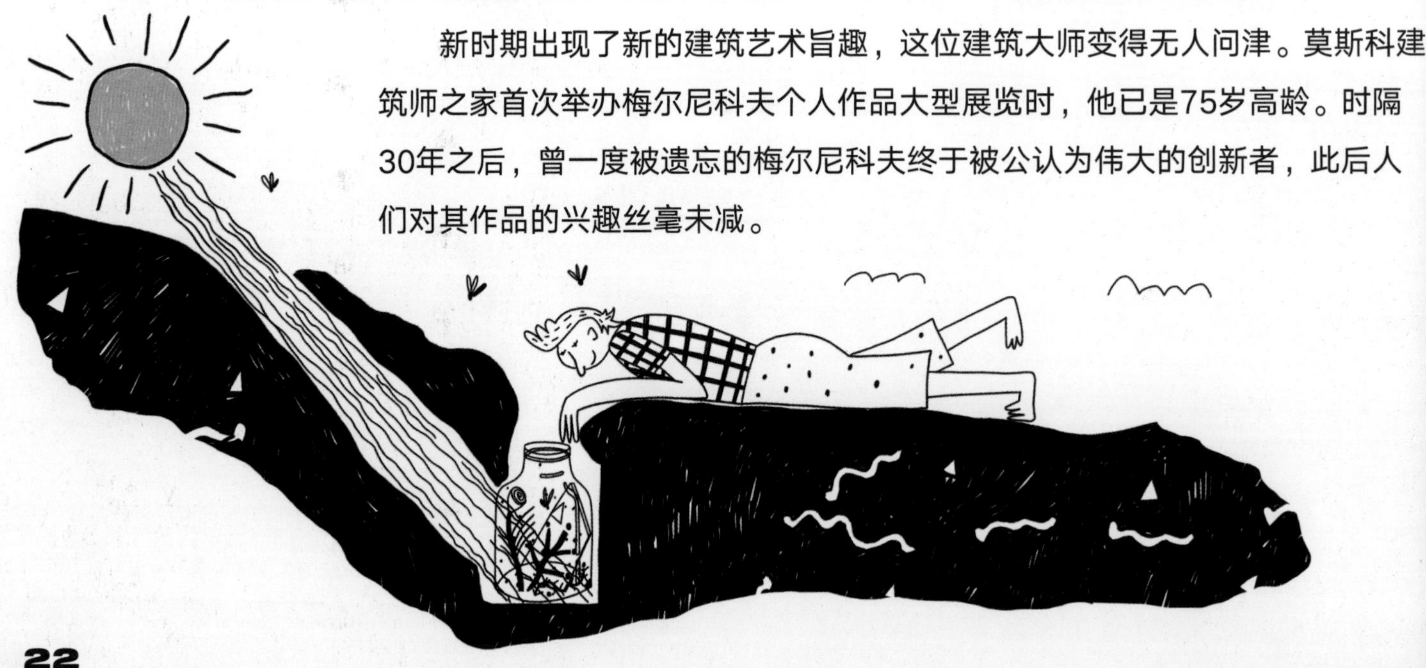

梅尔尼科夫自宅

1927–1929年（俄罗斯，莫斯科）

这栋建筑是梅尔尼科夫为自己和家人建造的住宅。它坐落于莫斯科阿尔巴特斜路巷，紧挨繁华的阿尔巴特街，就像一座神秘的宝库隐匿于市中心。在20世纪30年代的苏联，如果有人希望在市中心拥有这样一栋私人住宅，那简直是天方夜谭。但梅尔尼科夫当时已经是一位著名建筑师，因为他的设计被官方认定为实验性方案，他拿到了这块地皮并获得建设许可。

那么，实验的内容是什么呢？梅尔尼科夫希望通过实践来证明圆柱体是房屋建筑的理想外形，进而推广至全国的住宅建设。该建筑主体是两个相互嵌入的雪白圆柱体，外立面散布着六边形的窗孔。很难想象，被灰浆粉刷过的弧形墙体竟然是用砖块砌成的。为了节省材料，梅尔尼科夫还发明了一种巧妙的砌筑法，该方法可以十分自然地留下一个个外形奇特的蜂窝状窗户。一天中太阳光通过这65扇窗户能够照进每一个房间。在梅尔尼科夫看来，长久的自然采光是圆柱形房屋建筑的最大优点。

自宅刚一完工，马上就成为莫斯科市中心的一道风景。人们都在议论它，报纸也在报道它，梅尔尼科夫还亲自领着游客前来参观。然而，因为建设方块形住宅要简单得多，他的理想并未实现，富有浪漫气息的圆柱形住宅最终未能成为大规模建设的新样板。

不过，梅尔尼科夫自宅仍然是苏联先锋派建筑中极其重要而又独特的丰碑。建筑师本人一生都居住在这栋住宅里。在他去世后，住宅转移到他家人手中。2014年，这里被开辟为俄罗斯国家建筑博物馆的分馆。

向外凸的剧院

1929年（鲁萨克夫工人俱乐部，莫斯科）

建筑外立面悬空的立方体看起来像是一个来自外太空的树冠。而在这些立方体的内部竟然是观看演出的大厅。梅尔尼科夫就是这样将一座拥有宽敞演出大厅的剧院巧妙地建在一块弹丸之地上。

来自未来的问候！

嘘……这里是睡眠实验室！实际上这是一个疗养院设计项目，市民们可以在这里休息养生、恢复体力。梅尔尼科夫认为，没有什么比美美地睡上一觉更重要。于是他设计出五座音乐催眠馆，为入睡的人们提供各种放松的空间。但医生们认定他是在开玩笑，所以项目最终只停留在纸面上。然而，时间证明梅尔尼科夫的想法是对的！比如，当今的日本就建造了一系列配有最先进设备的综合性“睡眠”馆。此外，在世界许多机场都能见到胶囊旅社。

老建筑重获新生

1927年（巴赫梅季耶夫巴士车库，莫斯科）

这是一座为巴士设计的车库。2008年这栋老建筑重获新生，成为现代艺术中心，名称就叫“车库”。几年之后这里又成为犹太博物馆。任何一座建筑都会梦想拥有“幸福的晚年”，有人照顾，有人爱护，还有人经常来光顾！

大灯窗户

1936年（苏联国家计划委员会车库，莫斯科）

梅尔尼科夫认为建筑、绘画和音乐一样是艺术。他试图将每一栋建筑都变成艺术精品，哪怕是车库！从该车库大胆的外形设计中，人们可以很清晰地辨认出这是一辆汽车大灯的形状。

卷曲的窗户

1934年（国际旅行社车库，莫斯科）

请看该建筑的右边部分，窗户好像在打着卷，然而这个卷注定会半途中断。该建筑的左右两部分区别明显，左边是由其他建筑师后建的，风格与右边完全不同。这栋建筑就像是在诉说梅尔尼科夫本人的人生道路：新时代将这位建筑大师的接力棒交给了别人，于是他的才华便无处施展。

享誉全世界

1925年（苏联馆，巴黎）

1925年苏联首次受邀参加巴黎世界博览会。苏联领导人希望苏联国家馆的设计能在世界大放异彩，于是他们选择了梅尔尼科夫的设计方案。苏联馆外观为火红色，同时不失轻盈与独特。梅尔尼科夫最终征服了巴黎！此次博览会上真正大胆的设计只有两件：梅尔尼科夫的苏联馆和勒·柯布西耶的法国馆。

阿尔瓦·阿尔托

(1898—1976)

阿尔托1898年出生于芬兰。他的父亲是一名土地测量员，同时负责林业发展事务。阿尔托很小的时候，父亲就带着他一起走访林区，这使得阿尔托自幼就对富饶美丽的芬兰大自然十分关注。阿尔托的童年是在小城里度过的，家人的关怀始终伴随其左右。中学毕业后，他考入赫尔辛基理工大学建筑系。后来这所大学改名为阿尔托大学，是当今芬兰规模最大的大学，其主楼的设计者就是阿尔托本人。

阿尔托热爱大自然，喜欢探究大自然的奥秘，加上和睦宽松的家庭环境，造就了他这位或许算得上20世纪最独特的建筑师。他并未亦步亦趋地跟随名家大师的脚步，也没有立志要建立自己的方法和体系来影响他人。对阿尔托来说，重中之重是满足人的一切生活需求。在设计中，他能够将“机器时代”的成果、自然界中原生的绝妙主题以及天然材料的多样性自如地结合起来。他努力通过建筑艺术来弥补现代人在移居城市之后所失去的东西。业内人士称阿尔托的创作是“建筑的音乐”。的确，阿尔托的建筑看起来像是一部搭配了极不寻常的重音和众多自然音调、色调的复杂作品。这些元素由内而外流出，就像青苔斑驳的石头，与周边环境融为一体，无论这种环境是景色宜人的山林还是现代化的大都市。

建筑的实质就在于它像自然界中的有机生命，丰富多样又生生不息。

出于对自然界的敏锐洞察和天生的实验倾向，阿尔托创造出大量的结构性、技术性和装饰性手法，从而丰富了建筑语言。他的创作完美无瑕且充满生命力，从而超越了时间的禁锢，成为永不落伍的经典。

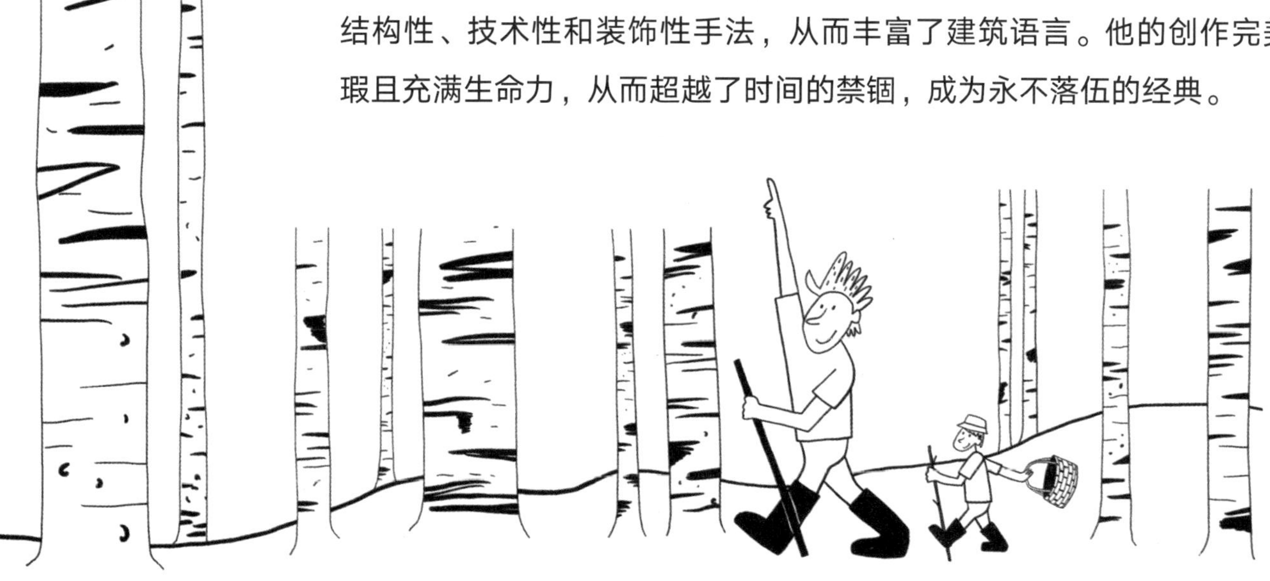

帕米欧疗养院

1929–1933年(芬兰)

与同时代其他建筑师一样，阿尔托的早期建筑也受到了古典主义的影响。帕米欧疗养院是阿尔托首个完全趋于功能主义的建筑作品，同时体现出阿尔托特有的深厚的人道主义情怀。

该疗养院为肺结核病人而建。那个年代的医学还无法治愈肺结核病，因此对于某些肺结核病人来说，疗养院就成了他们长期居住的第二家园。阿尔托尽最大努力让疗养院提供最舒适的条件。他将疗养院的主体建筑一分为二，一侧为住院区，另一侧为日晒馆——这里成排的阳台可以让病人进行日光浴。这种设计不仅让病人获得了更多的移动空间，而且还能增进拥有共同语言的病友之间的交流。得益于该设计，疗养院的房间获得了更佳的通风和采光条件。另外，透过病房和日晒馆的阳台可以看到一片风景如画的葱郁林海。

阿尔托对每个细节都考虑周详，比如，天花板涂成比墙面更暗的颜色，照明灯具为隐藏设计，以避免灯光直射卧床病人的眼睛，还专门设计了百叶窗、房屋通风和供暖系统。这里的一切（小到病房里的盥洗盆，大到院区整体庞杂的设计）都为病人和工作人员营造出舒适、宁静的氛围。

帕米欧疗养院设计为阿尔托在建筑界赢得了世界声誉，从而成为他本人事业的转折点。

驯鹿之城

1929年（芬兰）

位于芬兰的罗瓦涅米市在“二战”期间遭战火摧毁。战后，阿尔托接受委托，负责该市的重建工作。如今的罗瓦涅米市是拉普兰省的首府，这是一座魅力独特的城市，与圣诞老人的故乡近在咫尺，这里的一切都会让人联想到圣诞老人，就连城市的规划图也像极了北方驯鹿的脑袋！这也是阿尔托设计的。从图中可以看出，道路从市中心开始分岔，像鹿角般四散开来。驯鹿眼睛的位置是一座体育场，似乎它正睁大眼睛看着我们。罗瓦涅米市真是一座名不虚传的建筑童话之城！

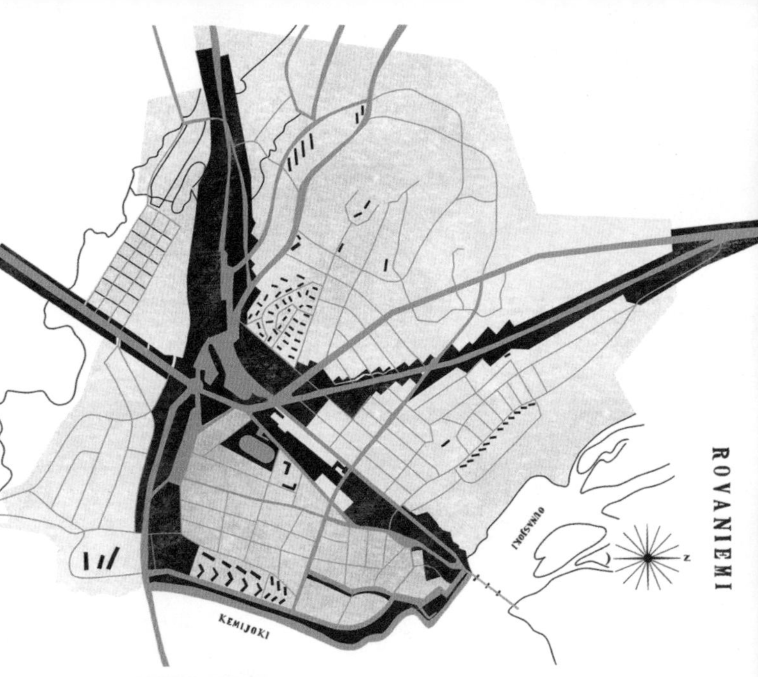

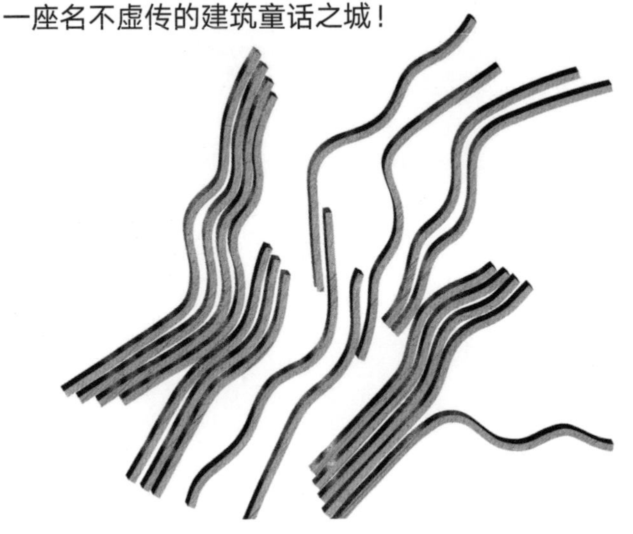

乘风破浪

阿尔托在芬兰语里是“波浪”的意思，波纹状设计是阿尔托最喜欢的创作手法之一。从室内物件、家具、声学吊顶、墙面装饰、立面细节乃至整栋建筑，阿尔托在所有地方都喜欢运用这种自然线条，并且驾轻就熟。尽管阿尔托是个温和而又饱含人道主义情怀的人，但他内心有坚定执着的追求，得益于此，一生中完成了70多栋私人住宅和若干大型公共建筑的设计，此外，他还从事市政建设，代表祖国芬兰参加国际展览会，并被世界七所大学授予名誉博士。

维堡图书馆 *1930—1935年（俄罗斯）*

维堡，原名维伊普里，是一座历史复杂且悠久的城市。阿尔瓦·阿尔托图书馆的建成，见证了人们对城市文化的珍爱。2013年，在俄罗斯和芬兰专家的共同努力下，图书馆的修缮工作得以完工。由于双方专家所做的细致工作和表现出的专业水准，阿尔托原本复杂又极富创意的室内设计方案得以完美重现，其中主要的亮点有：演讲厅为波浪形木板声学吊顶设计，图书阅览室采用了圆形采光系统，可以让室外光线充分照射进来。

里奥拉教区教堂

1978年（意大利）

阿尔托一辈子都钟情于运用自然形状。这座教堂是阿尔托的遗作，是为意大利山区小镇里奥拉设计的，在他去世两年后才完工。教堂象征和平与宁静的生活，这也正是阿尔托想带给我们的。特色鲜明的波浪线条，精心设计的自然采光，天然材料的运用——教堂的每处细节都让人体会到崇高与和谐，让人不禁去思考如何让世界更美好。

精品设计

阿尔托对室内小物件也是精心设计，这些小物件可以说是设计艺术的精品。1935年由阿尔托创立的阿泰克（ARTEK）公司至今仍在生产这些小物件。公司的名称由艺术（ART）和工艺（TECHNOLOGY）两部分组成。圆凳是专门为维堡图书馆设计的，帕米欧躺椅则是专为帕米欧疗养院设计的。

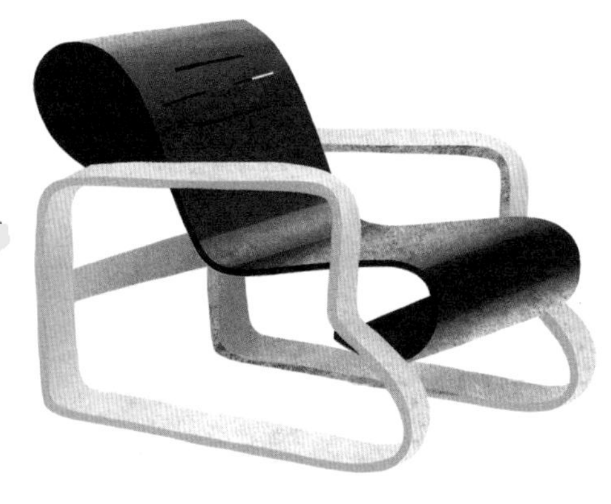

帕米欧椅（PAIMIO）

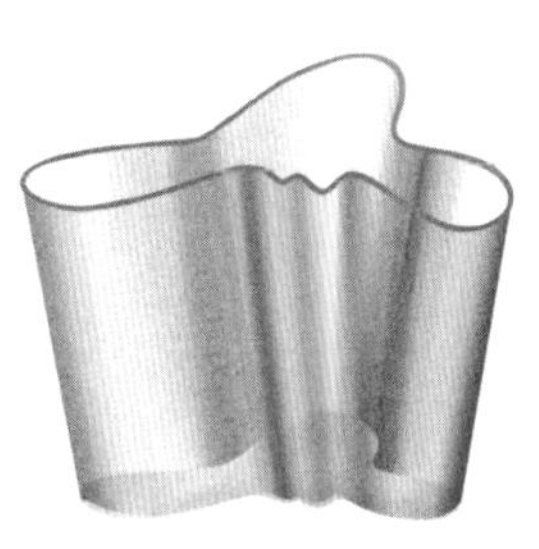

甘蓝叶花瓶（SAVOY）

“蜂巢”吊灯（BEEHIVE）

圆凳（STOOL 60）

弗兰克·劳埃德·赖特
(1867—1959)

赖特是本书介绍的建筑大师中最年长的一位。19世纪末他已经开始独立进行建筑设计，他性格中有一种与生俱来的魄力，有时还带着一丝倔强，这使得赖特成为20世纪最前沿的建筑大师之一。

赖特的母亲是一位教师，希望把儿子培养成一位建筑大师，为此她把大量精力花在对儿子的教育上，给他买了各种各样的积木玩具，还带领他阅读许多绘有著名建筑物的画册。母亲的努力没有白费。赖特虽然没有接受过专业教育，但绘画水平高超，他在20岁那年离开家乡直接奔赴当时的现代化建筑中心——芝加哥，一个“能挣大钱”的城市。年轻的赖特为了能在这里获得一席之地，决定投到芝加哥著名建筑师路易斯·沙利文门下，追随这位“伟大的导师”。然而，随着时间的推移，他们分道扬镳。赖特性格执拗，他并不想仿效芝加哥建筑风格，并认为风靡一时的摩天大楼建设是一种灾难。他竭力将建筑与周围环境融为一体，并称自己的建筑风格为“有机建筑”。

大自然是最伟大的老师，
人类只能接受并回馈她的教导。

赖特并不关心节约造价和解决社会问题。他在建筑中大量使用石块、木材和玻璃，以达到自己提出的那种“有机性”，因此赖特的建筑造价都十分昂贵。室内陈设也不便宜。因为他建造的私人住宅平坦的屋顶看起来就像一片大草原，有人称为“草原风格”。如今，他的追随者称为“赖特风格”并加以发扬，以示对这位偶像级大师的尊敬之情。

流水别墅

1929–1933年(美国，宾夕法尼亚州)

这栋别墅或许是世界上名气最大的私人住宅。20世纪30年代初，赖特似乎淡出了人们的视野，那时他并没有接到任何大订单，业内人士把他称为“最后一个浪漫主义者”。他在家里教授建筑学课程，通过学生的介绍，他与富豪考夫曼一家结识。后来，赖特为其家人设计的建筑方案成为其“有机建筑”理念付诸实际的一次重大胜利。

赖特亲自为别墅选址，最终定下这块风景优美的地方。开工前他首先进行细致入微的地形测绘工作，为此他绘制了一张区域地图，图上标出所有树木和巨石的位置，以便在设计时能够最大限度地加以保持和利用。赖特希望这里的瀑布不只是充当环境的背景作用，而应当成为建筑的一部分。瀑布从别墅大平台的底部穿流而过，而客厅的地面上直接长出巨石。别墅的直线型外观与自然景观有机地结合在一起，不但没有破坏，反而突显出自然之美。别墅里的一切都在赖特的设计考虑之中，甚至包括椅子和床头柜。为此，他还时常以客人的身份光顾这里，以检查室内陈设是否有人为破坏。

赖特并非流水别墅的唯一嘉宾。考夫曼家经常在这栋别墅里举办豪华派对，来这里做客的有爱因斯坦、弗里达·卡罗、迭戈·里维拉，还有许多著名演员。就连富兰克林·罗斯福总统也曾忙里偷闲前往考夫曼家一睹别墅的风采。

福禄贝尔恩物

对于今天的家长来说，为孩子购买一套几何图形的积木玩具是一件再普通不过的事情。但在19世纪末，积木还属于刚出现的新奇玩意儿，并被称为“福禄贝尔恩物”，因其发明者福禄贝尔而得名。福禄贝尔不仅发明了儿童积木，还创建了第一所专门为孩子开设的教育机构，他称为“幼儿园”。在他看来，养育孩子就如同在花园里种花，也需要他人的爱护和照料。赖特的母亲是福禄贝尔教育思想的支持者，赖特7岁那年母亲就给他买了一套积木玩具来帮助儿子开发空间和色彩思维。这份礼物为赖特后来成长为一名建筑师起到了重要作用，夸张一点说，也是为现代建筑艺术的整体发展做出了贡献！

浮世绘

1893年，芝加哥举办了一次规模史无前例的世界博览会，参展的日本建筑引起了赖特的兴趣。1905年,他首次前往日本，并从那里带回数十幅反映日本人日常生活的版画——浮世绘。日式的建筑风格对赖特自身风格的形成影响显著。然而，将完全不同的文化结合起来从而塑造出全新的元素则需要高超的技巧，能掌握这门高超艺术的人凤毛麟角。1916年至1923年，赖特在日本设计建造了一栋豪华建筑——东京帝国饭店。20世纪60年代由于经济原因，帝国饭店被拆除，不过为了纪念这位伟大的建筑师，饭店的中央大厅被整体搬离东京。

编织的房屋

赖特对世上的一切都有自己的看法，就连混凝土他也不仅仅当作物美价廉的建筑材料来使用。赖特首先看中的是混凝土的可塑性，于是便发明了所谓的“纺织区块”。这些编织状砌块像镶嵌在玻璃四周的花边，透过花边，光线不均匀地照射进室内，营造出一种特别的氛围。当夜幕降临，华灯初上，室内光线透过这些“镶着花边的房屋”，仿佛一盏盏古色古香的灯笼。这种工艺价格不菲，和赖特的许多创新设计一样，经济上不是所有人都能负担得起的。不过，他的另一项创新——厨房岛台设计，今天已经进入寻常百姓家中。

古根海姆博物馆

1943—1959年(美国，纽约)

纽约古根海姆博物馆在世界建筑史上占有特殊地位。该馆专门为当时最著名的艺术收藏家古根海姆的私人藏品而设计，是其最主要的收藏馆。馆长是贵族出身的希拉·雷贝·冯·厄尔维森，她曾以顾客的身份写信给赖特，信中写道：“我想要的是一座精神的殿堂，一座纪念碑式的建筑！”赖特百分百完成了这项使命。博物馆整体用混凝土建成，外观呈不间断的螺旋状，象征着时间和历史的延续。这里没有我们熟悉的展厅，展品全部沿着螺旋线条连续排列。光线通过玻璃天窗照射进来，贯穿整个空间。

赖特花了13年时间设计了这座纪念碑式的博物馆，在此期间他也曾接手其他项目，践行一些理念，但这座博物馆才是他建筑思想的巅峰和集大成之作。赖特本人这样描述道：“这座建筑带给人一种极致的平静感，仿若静水流深。”它就像是一位隐形的陶艺师，身处纽约的喧嚣之中而不为所动，气定神闲地转动着陶轮。

遗憾的是，赖特没能参加1959年10月的开馆仪式，他在开馆前几个月溘然长逝。而古根海姆本人早在1949年就与世长辞了。然而，这两位人物不同凡响的命运、这项建筑设计本身以及赖特在设计过程中的心路历程，都使得古根海姆博物馆成为一个难以逾越的建筑经典。

透明墙体

门窗上的每幅玻璃彩画都是赖特的个人设计。复杂的图案和饱和的色彩为空间照明提供了无限可能。玻璃彩画的装饰图案反映出赖特在不同时期对不同风格的理解——从童年的“福禄贝尔恩物”到师从沙利文从事第一份室内装饰工作，从日本版画到欧洲的艺术装饰风格（ART DECO）……

密斯·凡·德·罗

(1886—1969)

密斯1886年出生于德国亚琛。这是一座拥有近两千年历史的城市，欧洲中世纪时曾是神圣罗马帝国的都城。这里有一座亚琛大教堂，被称为哥特式建筑的明珠。密斯的父亲是一名泥瓦匠，参加过教堂的修缮工作，而且每次干活都喜欢带着儿子。密斯目睹了工人们是如何细致入微地修复哥特式花边的，这深深触动了他幼小的心灵。成为建筑师后，密斯十分重视细节，认真细致地对待一切，比如，材料的接口处、紧固件、建筑表面的处理质量。后来他说了这样一句名言：

上帝存在于细节之中。

密斯拥有自己独特的人生道路，他没有接受过专业教育。童年时他就读于教会学校，19岁时移居柏林开始工作。21岁时他已经完成了第一栋设计风格偏于传统的私人住宅的建造。后来，他进入著名建筑师彼得·贝伦斯的事务所工作。24岁时他负责建造德国驻圣彼得堡大使馆。这座使馆依旧是按照传统样式建造的，时至今日仍有众多大学生来这里参观并学习细节的处理和石材的运用。

密斯姓名中的“密斯”在德语里有“令人讨厌的、不中用的”意思，因此他决定在姓名里加上母亲的姓氏，就成了密斯·凡·德·罗。新名字确实给他带来了新变化，这个自学成才的年轻人逐渐成长为一名时髦的建筑师，且他始终保持着自己的个性。他同时受到赖特建筑理念和风格派漫步空间理念的影响，在此基础上，他给这些理念“量身定做”了新的材料——玻璃和钢。密斯在所有作品上都付诸不懈的努力，力求达到完美境界。

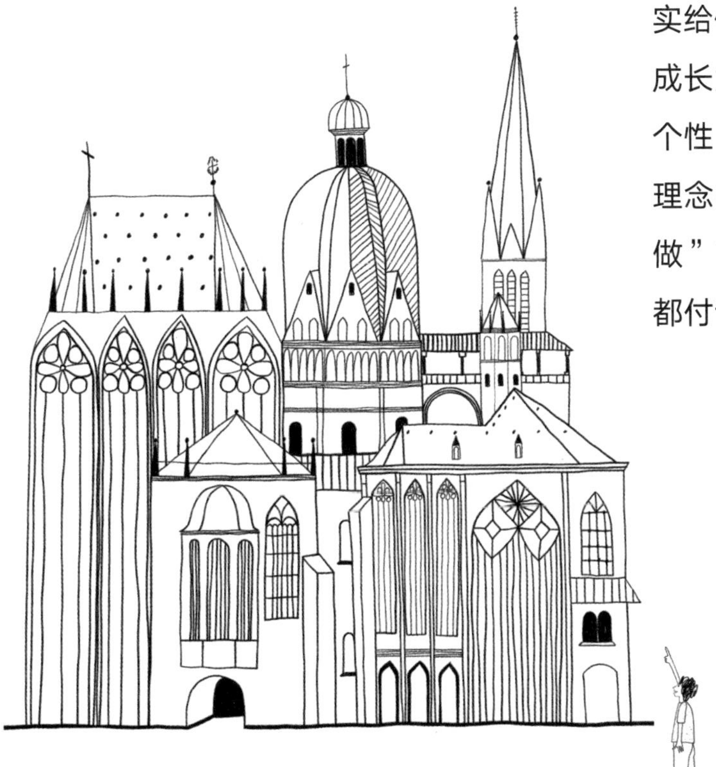

巴塞罗那世博会德国馆

1929年(西班牙，巴塞罗那)

密斯并不善于言谈，然而他的某些话语却如口号般发人深省。比如："少就是多。"说起来是如此简单、轻松，但当我们仔细体察，就会懂得其中的深意。密斯的建筑艺术即如此。

密斯在1929年巴塞罗那世博会上设计建造的德国馆是体现其建筑哲学的巅峰之作。该建筑外表看起来平淡无奇，然而在空间处理上，设计者玩了一个复杂的游戏。玻璃"外墙"与庄严的大理石内表面相互交错。内外两座水池的平面如同镜子一般，将空间进一步"打碎"。八根钢铁承重立柱和意大利石灰岩板参照的是古希腊、古罗马永恒的古典式建筑风格，密斯从那里借鉴了传承

千年的黄金比例。

这里也体现出赖特、荷兰风格派以及至上主义理念的影响，密斯通过理想的外形、高品质建材和精工细做的完美结合，将这些理念发挥到极致。

世博会结束后，德国馆被拆除。1980年，巴塞罗那市政府决定复建该展馆。为表达对密斯的崇高敬意，复原工作参照原图纸设计，使用的材料和工艺跟原来一模一样。

如今，这座展馆看起来依然十分现代。试想一下，一个世纪前它给人们带来了怎样的震撼！

彼得·贝伦斯

密斯·凡·德·罗

瓦尔特·格罗皮乌斯

勒·柯布西耶

老师和他的学生们

中国有这样一句至理名言来形容学生和老师之间的关系：“青出于蓝而胜于蓝。”那如果“胜于”老师的学生不止一人呢？那恰好说明了老师的伟大，因为他善于发掘天才。彼得·贝伦斯便是这样的老师。密斯·凡·德·罗、勒·柯布西耶和瓦尔特·格罗皮乌斯三人在不同时期都在彼得·贝伦斯的事务所工作过。此外，密斯和格罗皮乌斯之间还有一个交集：密斯是包豪斯学院最后一任校长。

巴塞罗那椅

与同时期其他建筑师一样，密斯不仅设计建筑，还为建筑设计家具。他曾专门为西班牙巴塞罗那的德国馆设计了一款椅子，在设计史上被称为“巴塞罗那椅”。如果考虑到西班牙国王夫妇可能会前来参观，这款设计就具有了深意。密斯的巴塞罗那椅外形设计上受到了罗马皇帝折椅的启发。关于这一设计他曾这样说道：“做一把椅子并不比建造一栋摩天大楼来得容易。”

水族馆建筑

“一战”结束后，大部分建筑师都在思考如何加快建造价廉物美的住房，密斯却提出在柏林弗里德里希大街建造一座玻璃摩天大楼的构想。密斯这样写道：“用承重构件来取代柱子和大梁，这是一种骨头和皮肤式的构造。”该设计理念在1921年显得不可思议，然而今天，世界上几乎所有大城市的现代建筑都以钢架为“骨”，外部以玻璃为“皮”建造而成。

有人认为密斯让城市失去了个性，他的所有建筑都像一座水族馆。比如，你很难区分他为医生艾迪丝·范斯沃斯设计的住宅和巴塞罗那馆，柏林新国家美术馆与伊利诺伊理工学院主楼非常相像。而他在芝加哥和纽约建造的摩天大楼也不显眼，几乎被周围其他高楼淹没。然而，密斯在每一栋建筑设计中都巧妙地解决了空间问题，没有一个多余的细节，比例严格参照古典式建筑的做法。密斯建筑外表的相似性恰好证明他在寻求一种符合内容的纯粹形式，并不断加以完善。

范斯沃斯住宅（玻璃住宅）

1941—1951年(美国，巴塞罗那伊利诺伊州)

柏林新国家美术馆

1962—1968年

伊利诺伊理工学院

1950—1956年(美国，芝加哥)

阿列克谢·休谢夫

(1867—1949)

阿列克谢·彼得洛维奇·休谢夫是俄国著名的建筑师。他钟爱自己的事业，因此，无论是在沙俄时期还是在苏联时期，都成绩斐然。休谢夫一生留下了种类极其丰富的建筑遗产，着实令人惊叹。所有建筑中都透露着他对俄罗斯文化以及建筑事业的热爱之情。

休谢夫出生在基什尼奥夫，即今天摩尔多瓦的首都。休谢夫的童年是在气候温和的俄罗斯南方度过的，他从小就热爱大自然，喜欢民间艺术和当地的风俗。

在基什尼奥夫上中学时，休谢夫就表现出绘画的天分。进入高中后，他离开父母开始独立生活，同时给别人当家庭教师。他的交际圈也随之逐渐扩大，开始结交一些有名望的人物，其中大部分都是艺术界人士。在他们的建议下，高中毕业后休谢夫来到了圣彼得堡，考入俄罗斯艺术科学院建筑部。

实习期间，休谢夫被派往乌兹别克斯坦的撒马尔罕测量帖木儿棺墓的尺寸。在与陵墓打交道的过程中，休谢夫身上逐渐表现出另一个特点：他对古代建筑师的作品始终怀有崇高的敬意。后来，他成为倡导“科学性修复”理念的奠基人之一。“科学性修复”指的是不去模仿和修改古代的文物，而是认真仔细地恢复这些作品的原貌。他本人也因为出色的修复工作而荣获“科学院院士”称号。

共青团员地铁站

1951–1952年（莫斯科，俄罗斯）

莫斯科地铁在世界建筑史上属于比较独特的现象，它不同于世界上其他交通系统。莫斯科地铁环线上的共青团员站格外引人注目。该站为了纪念苏联卫国战争胜利而建，整个地铁站内部就是一座纪念碑！这里的一切都显得庄严雄伟。地下大厅顶部用马赛克镶嵌出绘有苏军将领的巨幅肖像画，此外还有大量的雕塑装饰和巨大的吊灯，大厅的直径为当时地铁之最，站台长达190米，地铁站深度达40米。共青团员地铁站是进入首都的门户。紧邻地铁站坐落着三座火车站，从外地乘坐火车到站后，人们可以通过别具一格的地面大厅汇聚到共青团员地铁站，再乘坐地铁消失在广袤的莫斯科。地铁站的大厅、喀山火车站

以及旁边的铁路工人文化宫的设计者都是休谢夫。

休谢夫的任务是为人民建造一座地下宫殿。的确，地铁站里如此豪华的装饰恐怕只在沙皇的皇宫大厅里方可得见。这样的建筑即使在今天看起来也令人心潮澎湃，因此，简直难以想象，它在当时给人们留下了怎样的印象。

共青团员地铁站是斯大林帝国风格的辉煌之作。休谢夫本人未能完成地铁站的全部设计建造工作，剩下的部分由他的学生维克多·科科林和阿丽莎·扎博洛特纳娅共同完成，在工作中，他们对休谢夫的原方案给予了最大程度的尊重。

列宁墓

1924—1930年（莫斯科，俄罗斯）

列宁墓或许算得上是现代建筑史上最扑朔迷离的作品了。为领袖建造陵墓的习俗古已有之。休谢夫正是从这些古代同类建筑中获取了灵感。列宁墓最早为木质建筑，是在列宁去世后短短几天内完工的。与此同时，梅尔尼科夫也完成了陵墓中水晶棺的建造。直到6年后的1930年，休谢夫在原址新建了金字塔状的花岗岩陵墓。新列宁墓与红场建筑融为一体，深红色的花岗岩与克里姆林宫红色砖墙的搭配十分协调。

建筑博物馆

1945年（莫斯科，俄罗斯）

从十月革命爆发的那天起，全苏境内就在拆除各种建筑，包括住宅、庄园和教堂。“二战”的爆发又造成了新的破坏。人们似乎对各种建筑文物的毁坏已习以为常，不再重视建筑遗产的保护。休谢夫作为一名建筑修复师和博物馆职员，竭力抵制这种不尊重历史的态度。1945年，他提议设立一个科研与教育工作齐头并进的建筑博物馆。博物馆建在塔雷津庄园里，是一座18世纪古典式建筑风格的庄园，也成为休谢夫实践其“科学性修复”理念的第一件作品。该博物馆在其后的发展过程中又走过了一段复杂而坎坷的道路，幸好结局还算圆满。今天，这座博物馆以阿列克谢·休谢夫命名，是莫斯科办展最活跃、内容最精彩的博物馆之一。

教堂

1908–1912年(莫斯科，俄罗斯)

休谢夫最主要的宗教建筑是莫斯科马大-马利亚修道院里的圣母帡幪教堂，该教堂就像一颗明珠隐藏于修道院建筑群之中。当你伫立在教堂前，你很难相信眼前是一座20世纪的建筑。休谢夫借鉴了俄罗斯传统建筑风格并加上自己独创的方法。比如，他在教堂的立面上他极其巧妙地运用了古代同类建筑中的雕像元素，大胆地改变了教堂各组成部分的传统比例。此外，他还为教堂设计了一些奇形怪状的冲天圆顶。虽然教堂外观显得庞大而笨重，但是内部却十分明亮和轻盈。

休谢夫式构成主义

1908–1912年(莫斯科，俄罗斯)

位于莫斯科市中心花园环线的苏联农业人民委员会大楼是休谢夫设计的又一杰作，体现出他高超的设计艺术，专业性和灵活性兼具。这栋大楼与休谢夫其他建筑的风格大相径庭，他遵循的是当时正大行其道的构成主义风格。该建筑因其简单、严谨的设计而与临近的共青团广场上的豪华建筑群形成强烈反差。几乎同一时期，柯布西耶也在这附近建造了中央联盟总部大楼。如今，萨哈罗夫院士大街将这两栋精品建筑联系了起来。

丹下健三

(1913—2005)

20世纪初，欧洲古典主义风格如潮水般涌入日本，当时的首都东京更像是斯大林式帝国风格的莫斯科，丝毫不像今天展现在我们面前的那座“未来之城”。至20世纪20年代末期，一群年轻的日本建筑师在包豪斯学院或者欧洲其他工作室结束进修后，将现代主义风格带回日本。

丹下健三通过杂志接触到当时已经蜚声海内外的勒·柯布西耶的设计作品和他的“新建筑”理论，他折服于这位现代主义建筑大师天马行空的想象力。这让他最终下定决心选择从事建筑行业（丹下健三曾在建筑和电影之间难以抉择）。丹下健三是柯布西耶的忠实支持者，这种欣赏自始至终都反映在他的创作中，当然他不是直接模仿，而是借鉴。

方块状设计在建筑领域不再有销路，
如今畅销的是那些能够表达人类情感的建筑设计。

丹下健三1913年出生于日本大阪，从小成绩优秀。1935年，考入东京大学建筑系。大学毕业后担任建筑师前川国男的助手。丹下健三或许根本没有做其他工作的打算，因为他知道，前川国男1928年至1930年间曾在柯布西耶的事务所工作过。

丹下健三不仅对当代欧洲文化潮流大加赞赏，而且对文艺复兴时期的艺术和古希腊的建筑也抱有浓厚兴趣。他发表的第一篇随笔写的就是米开朗琪罗。因此，丹下健三能够以一种特有的方式在创作中兼顾欧洲不同时期的传统与其自身的日本身份认同，从而极大地推动了日本乃至世界建筑艺术向前发展。

东京奥运会主会场——代代木体育馆

1961–1964年(日本，东京)

代代木体育馆由一大一小两座场馆构成，大的是游泳馆，小的是综合馆。两座场馆构成一个统一的建筑整体。尽管建筑体量巨大，但整体仍给人一种轻盈飘逸的感觉，令人叹为观止。从工程角度看，由悬索、屋脊和拱门构成的造型像极了一群翱翔的日本鹤。丹下健三在利用先进工艺的同时，并没有忘记自己的根。主体育场屋顶两侧以混凝土塑形收尾，其外形与日本传统木质民宅中的屋脊造型极为相似。

无论你从哪个方向走近体育馆，都会看到一个完全不同的形象。而且，别出心裁的形象并没有破坏其实用性，他对体育馆的方方面面都进行了详细而周密的设计。

未来主义教堂

1964年(日本，东京)

在东京设计建造一座圣玛利亚天主教大教堂对丹下健三来说尤其具有吸引力。该建筑外形为十字架造型。按照天主教传统，教堂入口设在西侧。丹下健三将十字架造型提到了真正的未来主义层面。教堂的曲面墙体与屋顶融为一体，冲向天际。建筑的不锈钢外墙闪闪发光，内墙则保留了清水混凝土材质。光线透过教堂顶部的十字形天窗和垂直于地面的狭长花窗射入内部。

日本的高技派

1994–1997年(日本，东京都港区台场)

丹下健三设计的富士电视台总部大楼反映出他看待当今世界的态度。他曾这样说道："我们谈论空间时是把它当作一种交际场域，我们创建理论时，也是把它与建筑的交际艺术相关联的。"架空的楼层过道，悬挂其中的球形瞭望台、沉稳的基座以及突出的垂直感都彰显了日本国家电视集团早在1997年时就已具备的雄厚实力。

建筑是和平的象征

1945–1959年

第二次世界大战是全世界的灾难，而对于丹下健三曾就读的广岛来说更加悲惨。整座城市被原子弹摧毁。如今，在当时原子弹爆炸的中心建造了一座广岛和平纪念公园，其设计者便是丹下健三。主资料陈列馆的设计理念与丹下健三的信条十分契合，他既遵循了柯布西耶的原则，同时又借鉴了日本传统建筑底层挑空的构造。公园中央有一个拱形纪念碑，完全复制了日本古代马鞍的形状。

广岛和平纪念公园本身是参照文艺复兴时期的公园样式设计的。公园有一条明显的中轴线。它的起点是"原爆圆顶"，这是在原子弹爆炸中唯一幸存的一栋建筑残骸。

伦佐·皮亚诺

（1937— ）

伟大建筑师之间谁的天分更高，这是没有可比性的，但可以区分的是他们个人的创作推动了哪些重要理念的发展。就皮亚诺来说，那就是无限的自由感，他将这种感觉独具匠心地呈现于各种形状和材料中。

皮亚诺生于意大利。他的故乡热那亚是意大利最大的港口之一，历史悠久，因此，皮亚诺从小就游走于大千世界之中。他曾说过："建筑师应当有梦想，应当去寻找我们自己的亚特兰蒂斯，应当做一名研究者和探险家，同时以负责的态度奉献优秀的建筑作品。"

皮亚诺的爷爷、父亲、几个叔叔以及哥哥都经营过建筑公司，所以他从小就经常待在工地。在采访中他多次称自己首先是一个工匠。皮亚诺曾在米兰理工大学建筑学院就读，学习建筑理论。毕业后去过很多地方积累经验。在父亲的公司里，他熟练掌握了建筑过程的每一个细节。在建筑大师佛朗科·阿尔比尼的事务所，他有机会目睹意大利现代家居设计艺术的历史是如何被创造出来的，同时还见识了文艺复兴时期的文物是如何修复的。学成后，皮亚诺前往美国费城，跟随大名鼎鼎的建筑师路易斯·康进修过一段时间。丰富的阅历给了他众多选择，也意味着创作的自由。

建筑师如同小一号的造物主，而不只是涂涂画画。

皮亚诺被视为高技派的奠基人之一。风格的名称一般是由史学家和批评家们想出来的。他们需要把一切分门别类地摆放好。这对他们来说很重要，同时也合乎学术逻辑。然而，当我们谈到像皮亚诺这样重量级的大师时，任何分类都只会弱化而不是丰富我们对其丰厚遗产的解读。

乔治·蓬皮杜国家艺术和文化中心

1977年(法国，巴黎)

1970年日本大阪的国际博览会上，伦佐·皮亚诺带来了他的处女作，他设计的意大利工业馆吸引了众多参观者的目光，其中也包括年轻建筑师理查德·罗杰斯。后来这两位风格大胆的建筑师联袂向世界奉献了他们的独家设计，即位于巴黎博堡大街的乔治·蓬皮杜国家艺术和文化中心。当时，法国总统乔治·蓬皮杜宣布举行一项设计大赛，最终收到来自49个国家的681个方案。评委组认为，皮亚诺和罗杰斯的方案最符合蓬皮杜的初衷，他希望建造一个能够促进现代艺术发展的展览中心。为了在设计中实现

展馆自由空间的最大化，两位建筑师做出大胆决定，他们干脆将建筑结构由里朝外翻了过来。整个大楼内部没有各种管线、升降梯、电梯和管道井，甚至连一根立柱都没有，它们全都被转移到建筑的立面。而且设计者们并没打算要隐藏这种意图，而是相反，他们把全部构件都涂上鲜艳的颜色。最初巴黎人被这个奇特的造型震惊，如今蓬皮杜艺术和文化中心已经成为巴黎最受游客青睐的地点之一。此外，皮亚诺和罗杰斯还在中心大楼前开辟出一个广场，为城市生活增添了不可或缺的一抹亮色。

丘陵博物馆

2008年（美国，旧金山）

为使美国加州科学院博物馆和金门公园的自然景观完美契合，皮亚诺决定把博物馆建成真实丘陵的样式。准确地说，是三座丘陵坐落在一片巨大的长方形平台上。博物馆的整个屋顶就像一个巨大的生物体，正下方还有一座公园。现代科技将博物馆内部掩映在绿意之中，为参观者呈现出地球多姿多彩的自然景观。

厂房博物馆 *2020年（俄罗斯，莫斯科）*

这栋带有天蓝色烟囱的白色建筑是莫斯科新建的“水电站-2”文化中心。伦佐·皮亚诺当时面临几大难题。首先，他需要复原一座19世纪末建成的水电站，这座水电站本身很有特点，技术在当时也是先进的。其次，“水电站-2”建筑的位置离莫斯科的心脏克里姆林宫近在咫尺，这也使皮亚诺肩上的责任更重了。不过，他最终出色地解决了上述难题，把一栋工业厂房建造成一座轻盈、亮丽的博物馆。自然光可以从巨大的彩画玻璃门窗和屋顶的窗户投射进来。此外，皮亚诺还为莫斯科市民和游客们建造了一个美丽的广场，一直延伸到莫斯科河畔。博物馆后面种植着一片白桦林，仿佛是城市中心的一片绿洲。那几根天蓝色的烟筒模仿的是工厂的烟囱，它们不只是装饰，新鲜空气还可以通过这些烟囱从70米高的地方进入博物馆内部，让久居喧嚣闹市的人感到心旷神怡。

波浪博物馆

2005年(瑞士，伯尔尼)

在透雕工艺的波浪下面坐落着一间博物馆，馆内收藏着传奇的先锋主义画家保罗·克利的作品。保罗·克利曾在包豪斯学院任教，他喜欢使用一些特殊材料来作画。为了使这些画保存完好，伦佐·皮亚诺工作室设计出这种波浪形屋顶，不仅可以利用白天的自然光线为展厅照明，同时还不会给画作造成损害。

轮船博物馆

997年(荷兰，阿姆斯特丹)

尼莫科学博物馆是一座适合全家人参观的博物馆，馆内科学类藏品众多，种类丰富，因此无仑是孩子还是家长都能找到他们感兴趣的东西。在这里，参观者们能够以游戏的形式验证各种力学定律和化学定理。远远望去，博物馆就像一艘巨轮的艏部。如果想要登上这艘“巨轮”，需要步行穿过一架长长的跨海大桥。经年累月，博物馆铜制立面上长满了一层绿色铜锈，反而为这栋建筑增添了几分神秘色彩。

诺曼·福斯特

(1935—)

诺曼·福斯特善于将理想转变为追求的目标。他1935年出生于英国工业城市曼彻斯特一个普通工人家庭。上学时他就酷爱绘画，每次在城里闲逛时都能看到各式各样独特的建筑，这让他对建筑产生了兴趣。于是他开始去图书馆看书，他读过一些关于弗兰克·劳埃德·赖特和勒·柯布西耶的书籍。由于家中经济困难，福斯特甚至未能中学毕业。辍学之后，他在英国皇家空军服役两年，后又在曼彻斯特市政厅财政部工作，最终考上了大学，攻读会计和商业法专业。

直到有一天，福斯特成为一家建筑事务所的普通职员，这成为他人生的转折点。由于他的执着，又具备一定的绘画才能，后来进入曼彻斯特大学建筑学院学习。毕业后他又获得一份去美国深造的奖学金，从而成为耶鲁大学的建筑硕士。正是在耶鲁大学他认识了另一位英国人理查德·罗杰斯，一位影响现代建筑艺术的大师。1963年，两人回到英国后，与另外两位建筑师苏·布鲁姆威尔和温迪·奇斯曼共同创建了四人小组事务所（Team4）。后来，由于成员之间的分歧越来越大，事务所于1967年关闭。之后，32岁的福斯特创办了私人公司福斯特联合公司（Foster Associates），今天，该公司仍然是全球最大的建筑事务所之一。如今公司已更名为福斯特+伙伴公司（Foster+Partners），世界各地的员工有数千名。

需要不断地重新发现自己，
否则不仅会让自己，
也会让别人感到无趣。

香港汇丰银行大厦　*1977–1986年*

香港汇丰银行大厦既是福斯特建筑事务所负责设计的第一座摩天大楼，同时也是香港历史上第一座摩天大楼。42层的大厦在香港飞速发展的今天看起来已不是太高，但它给人留下的印象一点也不逊色于周边那些更高、更现代的建筑。福斯特的设计十分大胆，他打破了摩天大楼设计的一切成规。整栋建筑由八组硕大钢柱组成的柱网结构支承，而且整个支承结构外露，从而给内部设计留足了自由空间。

大厦没有街面层，取而代之的是一个公共步行广场，天气炎热时可以躲在此阴凉处避暑。

来客可以乘坐自动电梯直达位于十层的宽敞明亮的中庭。在这里，抬头便可见到一个鱼鳞般闪闪发光的镜面装置。这种被称为"日光反射镜"的装置可以将阳光反射导入中庭。顶层设有一个美丽的花园。大厦每一层的设计都十分自由。可以看出，诺曼·福斯特曾认真研究过柯布西耶提出的建筑五项原则。大厦空间布局还包含一个有趣的亮点：电梯呈对角线分布，这是综合风水勘测后做出的设计。

福斯特将传统与科技大胆地结合起来，从而创作出一件高技派风格的杰作。不过他的设计意图不仅是为了追求美观，香港汇丰银行大厦还是世界上最早的节能型摩天大楼之一。

HSBC

高技派风格的德国国会大厦 *1991—1999年*

1989年柏林墙倒塌后，德国政府决定重建被战火摧毁的国会大厦，并在此重启德国国会。诺曼·福斯特的设计方案最终胜出。他的任务是通过设计表达战后德国强调的全新开放政策。福斯特还原了旧国会大厦的圆顶设计，将其改成玻璃圆顶。现在，圆顶常年对参观者开放，从此处放眼望去，柏林美景尽收眼底，也能看到位于圆顶正下方的国会大厅。圆顶内部采用了倒置的镜面锥体设计，因此白天会有充足的自然光照进国会大厅。

骑士之路

由于福斯特家境不好，就读曼彻斯特大学的学费只能由他自己承担。这是他首次面对生活的严峻挑战。为了达成目标，上课之余他在面包店打过工，还卖过家具和冰激凌。或许他打过的零工远不止这些，不过多少都不重要。重要的是通过这些经历能让我们明白福斯特秉持的“挑战哲学”：只要你知道自己追求的是什么，就总能找到解决问题的办法。

未来的飞行员

福斯特小时候喜欢读一本关于未来飞行员丹·丹的漫画。如今，福斯特可以亲自驾驶私人飞机在各城市间往来。那本漫画里除了描写英雄事迹外，还详细设计了未来世界的图景。很可能这些未来建筑的形象给小福斯特留下了极其深刻的印象，他设计的建筑就像出自科幻电影中一样，而他本人堪称超人建筑师。

受到谁的影响？

福斯特经常会提起巴克敏斯特·富勒和弗拉基米尔·舒霍夫的名字，这两位乃20世纪工程设计思想界的巨擘。他们的发明和设计理念对福斯特影响很大。富勒是将网格球顶外形普及到建筑设计中的第一人。舒霍夫在许多领域都做出了杰出贡献，包括石油加工和船舶建造业，建筑方面他则贡献了双曲面结构建筑。这是一种轻盈、有效的结构，外部轮廓像一个花瓶的瓶颈。福斯特将所有这些20世纪的创新都积极运用到自己的设计中。

顺便提一句，福斯特曾有幸与巴克敏斯特·富勒一起共过事。

理查德·罗杰斯

(1933—2021)

理查德·罗杰斯出生于有古典主义建筑摇篮之称的佛罗伦萨。他的母亲酷爱艺术，也努力培养儿子这方面的趣味。理查德·罗杰斯的堂叔埃内斯托·罗杰斯是意大利颇具影响力的建筑师。

5岁时，罗杰斯随全家搬回祖籍英国居住。在英国，他被发现患有阅读障碍症，因此学习很吃力。罗杰斯自己曾说过，他在学校很长时间内被认为是智力障碍者。

然而，在家人的支持下，加上他生来就爱与人交往，罗杰斯最终战胜了一切困难。努力和才能是他获得成功的保障，他先是进入伦敦一家建筑学院，后又前往美国耶鲁大学深造，在这里他认识了另一位伟大的建筑师诺曼·福斯特。

任何成功只有在团队合作中才能取得。

罗杰斯和福斯特创立的四人组事务所（Team4）虽然存在时间不长，然而他们确立了团队思维的原则。给罗杰斯带来国际声誉的巴黎蓬皮杜艺术和文化中心正是他与伦佐·皮亚诺共同完成的。

团队工作的理念像一条红线贯穿罗杰斯的整个职业生涯。四人组事务所关闭后，罗杰斯创办了自己的私人事务所，这里良好的工作氛围常让他感到惬意。公司的组织结构可以让每一位员工都有机会真实地发挥他们的建筑才能。年轻人也有机会参加每周一举行的公司例会，参与讨论新项目的最新进展。同时罗杰斯也没有忽视休息，公司的节日聚会也是事务所生活的一部分。在罗杰斯退出事务所前不久，在公司名“罗杰斯”后面加上了两位资深建筑师的姓氏（史达克和哈伯），他们将继续精进罗杰斯的事业。

诺曼·福斯特曾这样描述自己的朋友兼同事罗杰斯：“理查德的设计反映出他个性中开放、热情的特点，就像他的衣柜那样，别致而又色彩纷呈。”

劳埃德大厦

1978–1986年(英国，伦敦)

在完成蓬皮杜艺术和文化中心之后，“内部结构暴露在外”的风格成为罗杰斯建筑设计的最主要倾向。该倾向尤其显著地反映在他为劳埃德公司设计的大厦项目上，劳埃德公司是英国历史最悠久的保险业巨头之一。通风管从建筑立面的第一层一跃而上飞奔至顶层。由银白色钢桁架和不同尺寸的钢柱组成的承重结构被挪到建筑外面。逃生楼梯被设计成一个巨大的钢铁螺旋，从外部看起来尤为壮观。屋顶停放着三台蓝色工程吊车，这个突出细节最开始并不在设计之列。但是吊车与该建筑的未来主义形象十分契合，因此才决定在工程结束后让其停在原地。建筑中部是公司的核心地带，这里为顾客和保险商进行面谈提供了一个开放式交易大厅。大厅上面便是13层高的玻璃中庭，自然光透过中庭的圆顶照进来。在整个建筑的中心区域，即交易大厅的正上方，挂着一座卢廷大钟，如今已成为劳埃德公司的象征。它是从一条叫拉·卢廷的货船上卸下来的。该船于1799年沉没，当时投保的劳埃德公司，在这笔赔付交易中获得了巨大的利益。卢廷大钟以前经常敲响，响一声表示有好消息，响两声表示有坏消息。但当大钟被搬到新落成的劳埃德大厦后便很少再响起，除非是有大事发生。2021年12月罗杰斯去世，卢廷大钟被敲响两声，以示悼念。

高技派的三根顶梁柱

维特鲁威是公元前1世纪古罗马的一位伟大建筑理论家，他提出了著名的建筑三原则：坚固、实用、美观。

从那时起，数百年过去了，人类创造出许多古老而伟大的工程和建筑经典，文艺复兴时期人类又取得了辉煌的成就。然而，真正做到将建筑三原则完美地结合起来的是高技派，它诞生于文艺复兴500多年后。

高技派首先是一种哲学。罗杰斯、福斯特和皮亚诺是建筑界真正的哲学家，他们对前工业化时期的全部建筑经验进行了思考，仔细研究了20世纪建筑大师们留下的进步思想和当代的最新科技。这三位建筑师都完成了大量的设计。仅在伦敦市中心就能见到他们分别设计的三栋高层建筑：罗杰斯设计的劳埃德公司大厦（1986年）、福斯特的瑞士再保险总部大楼（2004年）以及皮亚诺设计的碎片大厦（2012年）。虽然设计年代不同，但由于设计缜密和工艺高超，这些建筑在很长一段时间里都不会落伍。

千年穹顶

1996–1999年（英国，伦敦）

千年穹顶是世界上最宏伟的顶棚式设计。它的面积为8000平方米，内部可以容纳10座足球场。如果沿着它绕一周，需要走上一公里。千年穹顶的位置也很有象征意义，它位于格林尼治附近，而格林尼治是0度经线经过的地方，也是全球时区计数的开始。

千年穹顶是为了庆祝千禧年来临而建的。当时亲临现场的政要有英国女皇伊丽莎白二世和首相托尼·布莱尔。2000年1月1日千年穹顶对游客开放。由于高昂的维护费和极低的投资回报率，千年穹顶曾面临被拆除的命运。幸运的是，悲剧并没有发生。

建筑是凝固的音乐

1995年

“建筑是凝固的音乐。”这是德国哲学家弗里德里希·席勒的一句名言。法国作曲家卡米尔·圣-桑则认为：“音乐是声响的建筑。”而英国著名摇滚音乐家大卫·鲍伊决定将理查德·罗杰斯的名字永远写进自己的歌曲《透过建筑师的双眼》（THRU’ THESE ARCHITECT’S EYES），这让罗杰斯这位建筑大师既感到意外又颇为高兴。

翱翔的画廊

2021年

这座面积不大的艺术画廊坐落于法国拉科斯特堡公园里，这是罗杰斯生前设计的最后一部作品。虽然建筑体量不大，但它完全表现出高技派风格的构思特点。承重结构暴露在外，内部形成一个自由的空间。这一大胆的设计方案一方面使得画廊悬空于林间似乎要展翅翱翔，同时又能做到在建造过程中对公园造成尽可能小的破坏。不过在公园背景的映衬下，该建筑的亮点还是颇为突出。从设计蓬皮杜艺术和文化中心那时起，罗杰斯就特别喜欢运用亮丽的色彩，画廊外部的钢梁结构就被涂上一层雅致的橙色。

佛登斯列·汉德瓦萨

(1928—2000)

20世纪建筑设计面临的最大挑战是如何建造既舒适又可供数量庞大的人群工作与生活的现代化大都市，因此全世界的建筑师都在绞尽脑汁思考如何改进现代化工艺。当然，也有人不以为然，其中最著名的当数佛登斯列·汉德瓦萨，他的看法总是与主流观点背道而驰。

直线对人类、生活和一切生物来说都是完全格格不入的。

他的原名叫弗里德里希·斯托瓦瑟，1928年出生于维也纳。那时的欧洲正流行意大利幼儿教育家玛利亚·蒙台梭利的思想，蒙台梭利研究出一种至今仍不过时的儿童教育方法，提倡用个性化手段对待每一个儿童。汉德瓦萨小时候就读的就是一家蒙台梭利幼儿园，这里的教育对他的思维发展起到了重要作用。

汉德瓦萨的童年并非一帆风顺。第二次世界大战爆发后，由于来自犹太家庭，全家人遭受了众多磨难，但这并没有击垮他。战后，他继续从事自己钟爱的绘画创作。汉德瓦萨考入维也纳造型艺术学院，不过他很快就厌倦了这里的传统教育方法，于是决定去意大利做一次长途旅行。他在巴黎高等艺术学院短暂学习过。在巴黎，他结交了很多朋友，成为一位知名画家。汉德瓦萨是个酷爱创作的人，又不喜欢被任何标准束缚，就连自己的姓名他都不满意，改名为佛登斯列·雷根塔克·当凯尔布恩特·汉德瓦萨，将这四个德语单词连起来翻译成汉语就是：一个心怀世界的人（Friedensreich）在一个雨天（Regentag）将这个世界刷成了深红色（Dunkelbunt），他就是百水先生（Hunertwasser）。

两只不一样的袜子

作为一名艺术家，汉德瓦萨始终表里如一。与绘画和建筑一样，他也反对着装的千篇一律。他的夹克可能是由几块不同材料缝制而成的，而脚上总是穿着两只不一样的袜子。有人问他：“您为什么穿的是两只不一样的袜子？”他则反问对方：“那为什么您要穿两只一样的袜子呢？”

蜗牛是最理想的建筑师

螺旋形是汉德瓦萨钟爱的几何图形。他认为螺旋形是大自然的本质，也是一切事物的本质，因为我们的全部生活都是按照螺旋式展开的。在汉德瓦萨的创作中，这种蜷曲状设计随处可见，从邮票图案到螺旋形建筑。不难猜出，汉德瓦萨最喜欢的动物就是蜗牛。蜗牛的背上天生就驮着一栋螺旋形的房子。这简直太棒了！

汉德瓦萨住宅

1980–1986年

(奥地利，维也纳)

虽然汉德瓦萨写过许多关于建筑的文章，也在世界各地讲过学，但直到58岁时他才开始称自己为建筑师。这一年，他首次获得一份大订单——维也纳市政府委托他建造一批住宅楼。

幸运的是，维也纳市政府给了汉德瓦萨充分的自由，他那些天马行空的想法可以即刻付诸实践。汉德瓦萨住宅是非典型建筑艺术的最杰出代表。建筑立面上完全找不到一条直线，也没有两扇完全相同的窗户。住宅的内外空间都使用了鲜艳明亮的色彩，全部构件都贴上了大量的彩色瓷砖作为装饰。房屋内部就像是来自童话故事里的神奇世界。这里没有标准的规划，没有尖锐的墙角，屋内的地板甚至是不平的！不同高度的屋顶上栽有250棵大树，让人感觉整栋住宅楼都沐浴在一片绿荫之中。

房屋很快就销售一空。虽然墙和地板是歪的，日常居住有一定的不便，但这里的住户几乎没有愿意把房子卖出去的，而是作为遗产留给子孙后代。因为，能住在世界上最特立独行的画家的作品里是多有意思的一件事啊！

贝聿铭

(1917—2019)

贝聿铭出生于中国广州。他家境优渥，儿时在国内的一些大城市居住过，并经常在传统中式园林里玩耍。中国建筑充满各种哲学意味。贝聿铭一生的创作都带有这种传统风格，同时他还能将东方哲思与高度现代化的设计方案完美结合起来。

17岁时贝聿铭前往美国，就读于宾夕法尼亚大学，这里的教育需要学生拥有良好的绘画才能，而贝聿铭对自己的绘画水平没有自信。但他并没有因此心灰意冷，放弃自己的目标，而是转到麻省理工，主攻建筑工程。时任系主任的威廉·艾默生力劝他还是应当往建筑创作方向上发展，可见他对学生的天赋深信不疑！

1939年贝聿铭大学毕业，由于“二战”爆发，他无法返回中国。于是他全身心投入到研究和教学工作中。战后，他被纽约著名的地产商齐氏威奈公司(Webb & Knapp)录用，担任建筑部总监。这样贝聿铭有机会接触到一些重大项目。1955年，他创立了私人建筑公司，1989年公司更名为贝考弗及合伙人事务所(Pei Cobb Freed & Partners)，该名称一直沿用至今。

伟大的艺术家需要有伟大的客户。

贝聿铭不仅是一位大建筑师、一位公认的形状和色彩应用大师以及天才室内设计师，他还是一个心思缜密的人，一位真正的东方智者。他曾说过：“建筑不应当被视为个人行为。作为建筑师，您应当首先考虑客户，只有这样您才能完成伟大的建筑作品。建筑师不能自己闭门造车。”这里他强调的是客户作为创作过程间接参与者的作用。建筑师只有与客户建立牢固的联系，才能为建筑设计的成功提供保障。

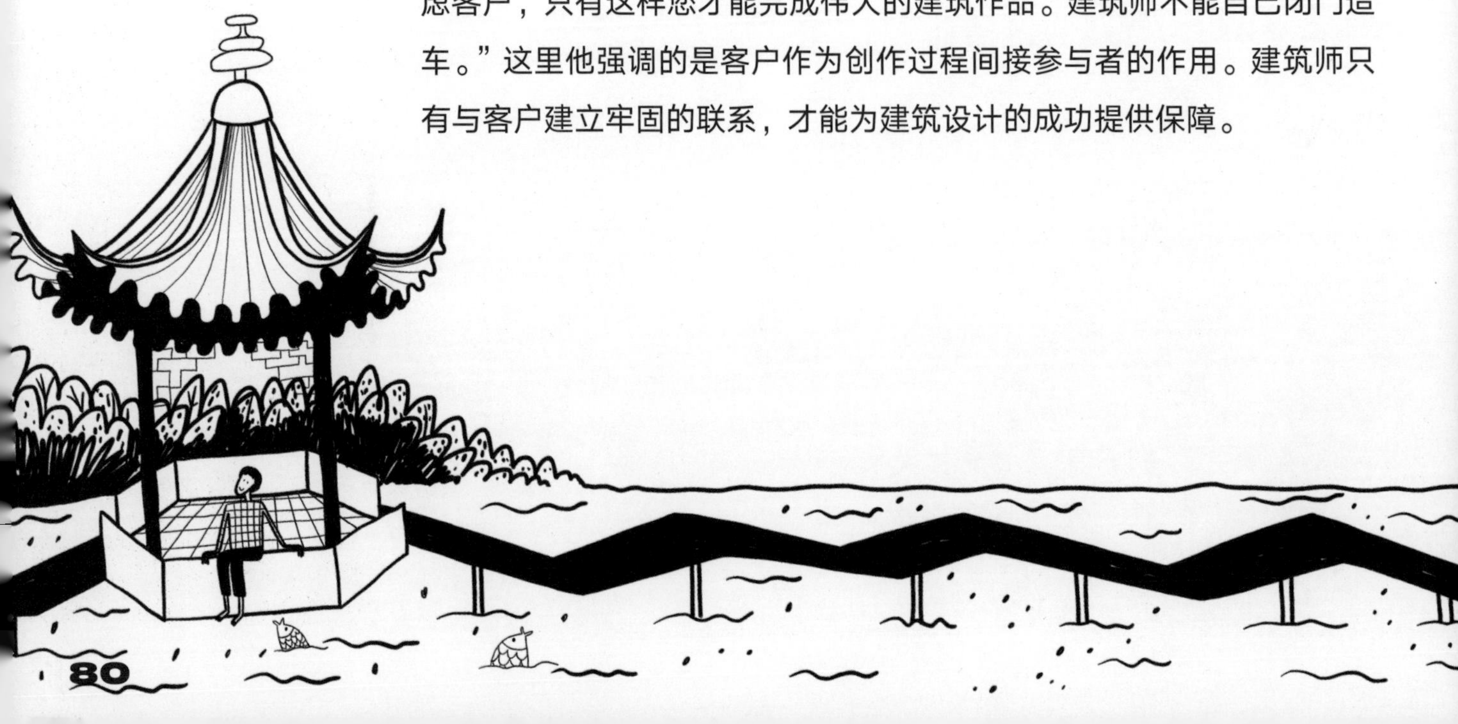

“大卢浮宫”

1984–1989年（法国，巴黎）

人们常说，巴黎是一座反差巨大的城市。这句话说得一点也没错！城市老建筑中出现的新面孔，并非从一开始就能获得巴黎市民的认可。埃菲尔铁塔和蓬皮杜艺术与文化中心便是例证。另外一个让巴黎人最初深感震惊，而如今已成为巴黎象征的建筑就是卢浮宫金字塔。

卢浮宫是世界上参观人数最多的博物馆，贝聿铭获得了重新设计卢浮宫的殊荣。他没有在卢浮宫近旁建造一个用于扩大收藏的新馆，而是决定利用博物馆地下的巨大空间。

进入卢浮宫的大门被设计成一座巨大的玻璃和钢结构金字塔。贝聿铭利用这一古代神秘的象征来突出博物馆空间的神圣性。金字塔高21米，每边长34米。虽然金字塔的体积巨大，但看起来并不笨重。这是因为贝聿铭使用了复杂的紧固装置和透明度极高的玻璃材料，因此透过这座金字塔仍然能清晰看见卢浮宫的正立面。晚上，金字塔还会发光，如同一座真正的宝库。除了这座大金字塔，卢浮宫广场上还建有三座小金字塔。通过这些金字塔，白天的自然光能够直接进入地下层。此外，地下还有一座倒金字塔，它的塔尖正对着商贸中心大厅，并与最小的那座金字塔塔尖相连。这里就是丹·布朗那部畅销书《达·芬奇密码》中故事发生的地方。

祖传技艺

贝聿铭的几个儿子均继承了父亲的事业。1990年他们创办了贝氏及合伙人建筑事务所（PEI PARTNERSHIP ARCHITECTS），2019年更名为贝氏建筑事务所（PEI ARCHITECTS）。公司顺利完成了许多重大项目。贝聿铭的儿子们对父亲的建筑理念也视若珍宝。公司的服务宗旨就是："对过去保持尊重，对当下的需求保持敏锐，追求稳定的建筑艺术。"晚年的贝聿铭尽管年事已高，仍会给儿子们出谋划策。他生前一直都为自己的儿子们感到自豪。

摇滚乐名人堂博物馆 *1995年*

摇滚乐诞生于美国俄亥俄州克利夫兰，世界上第一座以摇滚乐历史为主题的博物馆也坐落在这里。一般认为，"摇滚（ROCK-N-ROLL）"一词是美国当地一家电台的著名DJ阿兰·弗里德于20世纪50年代发明的。贝聿铭当时的任务是如何将这种动感十足的现代音乐以建筑的形式表现出来。结果证明，他百分百地做到了！建筑是由一个平行六面体场馆、金字塔造型的玻璃帷幕和剧院式悬臂支撑的环形鼓状建筑所组成的平衡结构，极其传神地表现出了约翰·列侬、英国平克·弗洛伊德乐队、澳大利亚AC/DC乐队以及其他进入名人堂的伟大摇滚乐家们的音乐韵律。

伟大的导师

1942年，贝聿铭考入哈佛大学攻读硕士，他的导师就是包豪斯学院创始人瓦尔特·格罗皮乌斯。后来，贝聿铭在创作中吸收了带有传奇色彩的德国建筑学派倡导的极简主义，并把它与传统形式非常巧妙地结合起来。他本人认为，术语和流派并不重要，重要的是如何将建筑融入城市景观中去。他说：“谈论现代主义和后现代主义毫无意义。弄清建筑诞生的背景才是最为重要的。”

建筑师应当长寿

这是贝聿铭的名言。2019年他年满102周岁！贝聿铭活了一个多世纪，亲眼见证了科技和建筑领域发生的重大变化。他一生都在追求进步。对他来说，最重要的还是要有创意。

竹子大厦

1990年

香港中银大厦高369米，是美国之外首座高度超过305米的大楼。贝聿铭的父亲民国时期曾担任过中国银行的行长，因此作为设计师的他就肩负起双重责任。贝聿铭决定将大厦设计成竹笋的形象，竹子是中国的象征，又是生长速度最快的植物，完全可以用来象征高速发展的中国经济。尽管建成后的中银大厦外观不太像竹子，但看起来依然十分抢眼。与诺曼·福斯特的香港汇丰银行总部大厦一样，贝聿铭的香港中银大厦已成为这座城市的又一象征。

奥斯卡·尼迈耶

(1907—2012)

奥斯卡·尼迈耶出生于巴西的阳光之城里约热内卢，他家境富裕且有权势。尼迈耶小时候就读于一家名校，但最终辍学。他更喜欢的是足球、跳舞还有画画！他刚学会握铅笔，就再也不肯将它丢下笔。细心的父母发现了这一点，于是他被安排进里约热内卢国家美术学院建筑系学习。

正是绘画让我亲近建筑，
并引领我去寻找光线和奇妙的形状。

当时的系主任是卢西奥·科斯塔。他很快便发现尼迈耶身上的天赋，让他来当自己的助手。科斯塔还帮助尼迈耶认识了柯布西耶，不仅了解他的创作，也包括认识他本人。当时科斯塔被委托设计巴西教育卫生委大楼，他邀请柯布西耶担任工程顾问。尼迈耶也参与了项目的全过程，并凭借其清新大胆的想法最终领衔设计。这也成为尼迈耶漫长而辉煌的建筑事业的起点。

尼迈耶经常提到柯布西耶在世界建筑史上的地位以及他对自己事业的影响。他承认自己是这位伟大建筑师的崇拜者和追随者，不过他们二人之间的差别还是非常明显的。一向严谨的柯布西耶直到其创作后期才开始使用平滑的外形，而尼迈耶从一开始就善于在形状方面做文章。尼迈耶运用混凝土和领先于时代的技术创造出真正的“凝固的音乐”。他的作品大量使用前卫的线条、形状和结构，充满感性和激情。尼迈耶经常说，他的建筑表达了自己对巴西的热爱，包括巴西的自然景观和巴西人的民族性格。他的建筑风格在数十年里一直是当代巴西形象的代言。

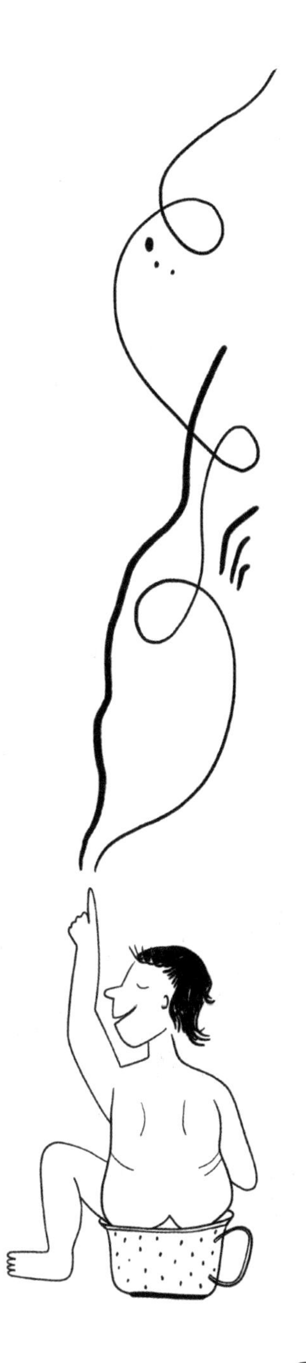

巴西新首都

1956年，儒塞利诺·库比契克当选为巴西总统。他因将巴西首都从里约热内卢迁往巴西利亚而名声大噪。迁都不仅是两个城市地位的变化，还涉及如何在巴西中部广阔的高原地区建立一个全新都城的问题。工程始于20世纪50年代，其建设规模之大至今令人咂舌。尼迈耶的老师卢西奥·科斯塔中标。根据他的规划，这座未来之都就像一架巨大的飞机，高速向前飞行，奔向美好的未来。卢西奥·科斯塔主要负责城市的整体规划，新首都重要建筑物的设计工作便交由尼迈耶负责。随着时间的推移，当时的城市分区规

划方案以及城市从零建设的理念已经暴露出许多不完善的地方，但是，尼迈耶的天赋使得巴西利亚成为世界建筑版图上的一颗明珠。

首都巴西利亚最显著的标志便是巴西议会大厦。大厦由一仰一覆两个碗形体构成，议会大厅就设在其中。还有两座100米高的双子塔，这是议员们办公的地方。由于技术原因，构成钢骨的那些金属条在当时不得不依靠人工方法去弯曲。混凝土制成的碗形议会大厅的建造过程显得尤为困难并伴随着风险。可见，尼迈耶的创意超出了当时的技术条件。

除了议会大厦，尼迈耶在巴西利亚还设计建造了巴西利亚大教堂、总统府、外交部大楼以及其他建筑。每一栋建筑都具有独特的外形，极富诗意。不仅外形引人注目，建筑内部的设计方案同样令人叹为观止。尼迈耶大胆使用了彩色玻璃门窗、复杂的照明系统和各式各样的塑形手段。雕塑是尼迈耶建筑中不可或缺的一部分。尼迈耶在城市中心安置了大量著名雕塑家的作品，从而将这里打造成一座露天的现代艺术博物馆。

遗产

奥斯卡·尼迈耶去世时只差10天就是他的105周岁生日。直到生命的最后一天他都没有停止工作。在他的办公桌上还留有一些未完成的建筑设计草图。然而，他已完成设计的建筑数以百计。这位大师身后留下的不仅有建筑遗产，他唯一的女儿让他儿孙满堂，他有5个外孙、13个重外孙和7个玄外孙。

联合国总部大厦

1947–1952年(美国，纽约)

1946年，联合国通过决议将总部建在美国纽约。最初联合国没有自己的大楼，1947年，小约翰·洛克菲勒斥巨资购买了一块地皮用来建造联合国总部。为此成立了一个由国际知名建筑师组成的设计委员会来负责总体设计。美国人沃里斯·哈里森被任命为总建筑师，团队中有来自苏联、中国、瑞士、瑞典、英国、比利时、加拿大、巴西等10个国家的建筑师，其中就有柯布西耶和尼迈耶。个性固执的柯布西耶与沃里斯·哈里森意见不合，设计尚未完成，柯布西耶便离开了美国。此后，尼迈耶的方案获得了认可。不过，鉴于尼迈耶是柯布西耶的崇拜者，他仍然保留了柯布西耶原先设计中的许多创意。首先是保留了整体建筑结构采用简洁利落的板型大楼的思路。多亏尼迈耶这位铁杆追随者，从此柯布西耶的名字也与这栋世界建筑史上里程碑式的建筑密不可分了。

和平鸽

在巴西利亚三权广场有一座体积不大的展览馆，它的外表像一只鸽子。这也是尼迈耶设计的作品。该建筑是为了哀悼巴西总统坦克雷多·内维斯，象征着他推行的和平政治理念。尼迈耶在展览馆旁边还建了一座鸽子笼式的高塔。高塔已成为周围城市景观中的一大亮点，是城市的地标性建筑。

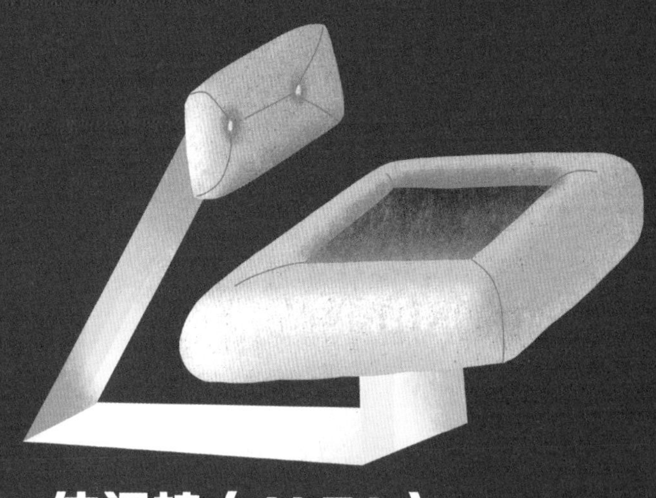

休闲椅（ALTA）

1970年

与其他许多伟大的建筑师一样，尼迈耶也为自己的建筑物设计一些室内物品。其中就包括这款休闲椅。可以看出，在物品设计方面，尼迈耶仍然秉持将柔和的线条与雕塑感的结构相结合。

随处可画

1992–1996年

1992年，尼迈耶接到来自巴西尼泰罗伊市的一份订单，该市需要建一座现代艺术博物馆。尼迈耶和市长约在一家饭店见面，其间他把自己的设计理念描述为“一枝腾空飞舞的花朵或者一只翱翔的鸟儿”。市长觉得听得不够明白，尼迈耶竟直接在餐巾上画起了设计草图！于是，这座别具一格的博物馆的设计方案就这样敲定了。工程结束后，尼迈耶这样写道：“很久以前，一只飞碟经过城市上空时，被这里的美景深深吸引住了，就决定永远留在这里。于是它降落到地面，从而诞生了这座现代艺术博物馆。”

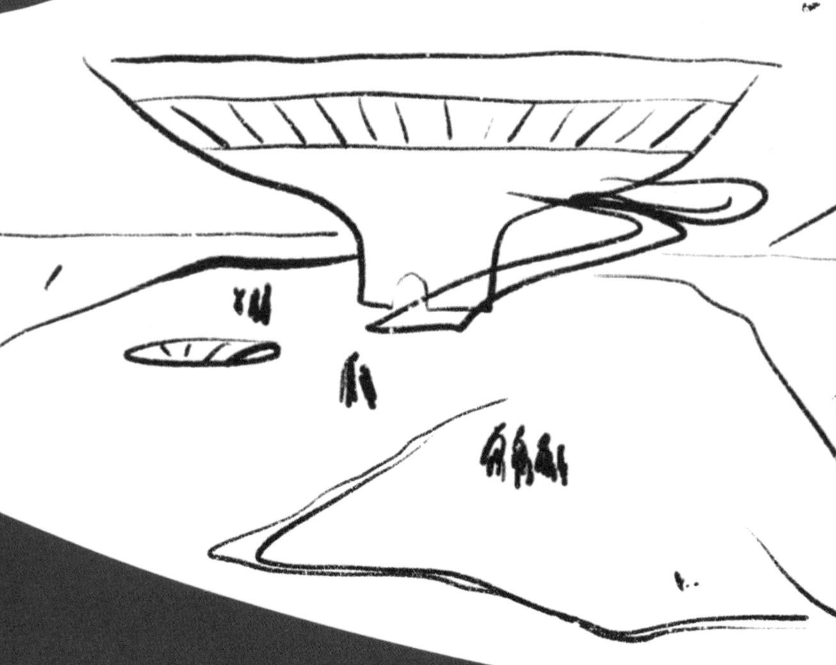

弗兰克·盖里

（1929—2012）

弗兰克·盖里出生于加拿大多伦多一个并不富裕的家庭。他的原名叫埃弗拉伊姆·欧恩·戈德堡。盖里的祖父来自波兰，外祖父是一名俄罗斯犹太人。因此，家里人除了说英语，还会用波兰语、俄语，甚至依地语交流。这种文化多样性对盖里的成长产生了一定的影响。

很小的时候盖里就表现出对建筑的强烈兴趣，他经常动情地回忆起小时候跟祖母一起玩打木棒游戏的场景。他们在祖父的工作间里用木头堆起了一座城市。据盖里自己说，就是从那时起他开始思考："也许我自己将来可以建造一座真正的城市。"

盖里的父亲是一个游戏和乐器销售商。他的母亲酷爱艺术，经常带儿子去看展览和听音乐会。盖里17岁时，全家迁居到美国洛杉矶。在这里，他报名参加了一些高校组织的免费讲习班，其中有一门陶艺课，主讲老师是格伦·卢肯斯。卢肯斯发现盖里身上具有建筑师的天分。讲习班结束后，盖里进入南加州大学学习，并获得建筑学学士学位，后又在哈佛大学获得硕士学位。毕业后，盖里与妻儿一道前往巴黎。巴黎的哥特式教堂给他留下了深刻印象。此前，他并不认同柯布西耶和整个现代主义建筑风格。参观完朗香圣母教堂后，盖里对柯布西耶的创作进行了深入研究。

呆板的玻璃火柴盒建筑让人感觉寒冷，它们对人类一点都不友好，因此我要努力去改变这一切。

回到洛杉矶以后，盖里开始参与艺术项目设计，创造展示空间。其中一个项目是纸板家具的制作，这项设计不仅给他带来声誉，还帮他挣了不少钱。盖里用挣得的这笔钱完成了他生平第一项建筑设计。1978年他将自己在圣莫尼卡的一栋普通住宅进行了改造，改造后的盖里自宅由各种不同角度的玻璃和栅格状墙体构成。从改造自宅的试验开始，盖里的建筑风格一直都保持非直线型的特点。

毕尔巴鄂古根海姆美术馆 *1911—1952年(西班牙，毕尔巴鄂)*

毕尔巴鄂古根海姆美术馆是20世纪与21世纪之交一座非常重要的建筑。这是世界上第一座使用电脑3D建模技术建造的规模宏大的场馆。30多年过去了，如今3D建模技术被广泛运用，哪怕一个很小的室内设计都会借助它。

该美术馆成功将全世界游客的眼光都吸引到这座西班牙小城。社会学家、历史学家、心理学家、经济学家以及其他领域的专家都开始使用“毕尔巴鄂效应”这一术语来指代城市在美术馆建成之后飞速发展的现象。在毕尔巴鄂工作过的建筑师不止盖里一人。这里的地铁是诺曼·福斯特设计的，大学的设计者是阿尔瓦罗·西扎，通往古根海姆美术馆的大桥是由圣地亚哥·卡拉特拉瓦设计的。这个名单还可以继续列举下去。然而，所有这些设计中，唯有古根海姆美术馆给这座城市，也给盖里本人赢得了极大的知名度。出于谦虚，盖里本人并不承认

这座建筑的特殊性。在他看来，巴黎圣母院或者雅典的卫城也制造过同样轰动的效应，而且已经持续了几百年甚至几千年。

电脑建模不仅可以极其准确地计算建筑复杂的几何参数，而且还能考虑建筑的外形。电脑程序通过不断调整巨大金属条的弯曲角度，以便能够将天空和海洋的影子最有效地反射到美术馆的正立面上。美术馆采用钛合金板建造，但其外观并非一成不变的。比如，日出和日落时分“鱼鳞状”反光板上的颜色会发生神奇变化。馆内空间的设计与外部一样具有表现力。有评论家甚至批评盖里，他们认为建筑本身抢了馆藏的风头。相反，也有很多画家将此视为一种挑战，他们可以有机会用自己的美术作品与美术馆建筑本身一较高下。实际上，盖里把一切都考虑得很周到。美术馆内部既有非标准的展厅，也有专为经典收藏设展的标准方形展厅。

画宅 *1968年(美国，纽约)*

首先需要体会一下盖里在事业刚起步的时候，美国国内的艺术氛围是怎样的。以纽约为中心的美国东海岸地区聚集了很多欧洲现代主义建筑大师，他们创造出完美的几何世界。格罗皮乌斯曾在这里任教，柯布西耶也到过此地，还有密斯·凡·德·罗也在这里工作过，因此，该地区国际主义风格盛行。而盖里居住的美国西海岸是自由精神艺术家的聚集地。盖里通过参观他们对材料和形状的试验，开始自己的创作，进行展示。1968年盖里接受委托为抽象主义画家罗纳德·戴维斯建造住宅。戴维斯抽象画作的特点是整个画面的前景被人为扭曲。盖里也采取了这种手段。住宅看起来就像是从主人的画里走出来的一样。

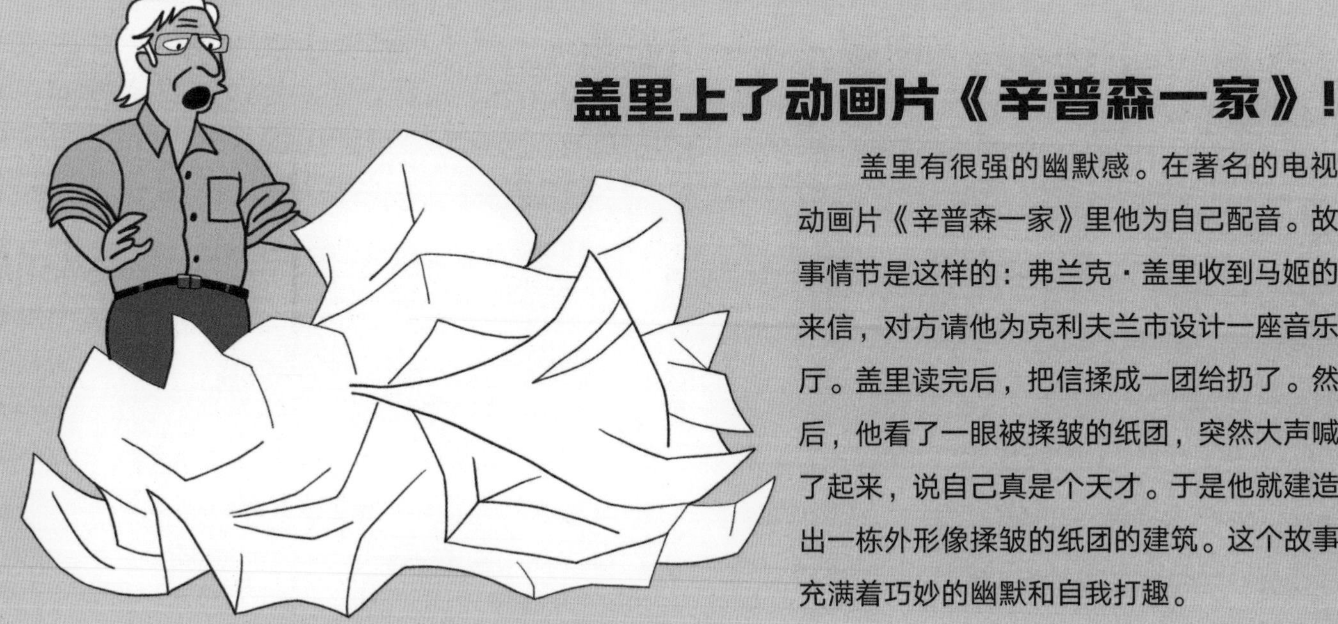

盖里上了动画片《辛普森一家》！

盖里有很强的幽默感。在著名的电视动画片《辛普森一家》里他为自己配音。故事情节是这样的：弗兰克·盖里收到马姬的来信，对方请他为克利夫兰市设计一座音乐厅。盖里读完后，把信揉成一团给扔了。然后，他看了一眼被揉皱的纸团，突然大声喊了起来，说自己真是个天才。于是他就建造出一栋外形像揉皱的纸团的建筑。这个故事充满着巧妙的幽默和自我打趣。

首饰建筑

著名的珠宝品牌蒂芙尼会定期邀请一些画家、设计师和建筑师参加他们的“明星嘉宾”工作坊。2006年，盖里受邀成为嘉宾。他一下子设计了四款首饰，分别是鱼、项圈、轴和兰花。盖里使用了鱼的形象并非偶然，鱼是盖里最喜欢的主题之一。原因何在？关于这个问题盖里本人的回答也不尽相同。有时他会说是因为喜欢吃祖母做的带馅的鱼，有时又说鱼是一个古老的物种，他对鱼这种动物怀有深深的敬意。但有一点可以肯定：无论是多大尺寸的鱼，小到首饰，大到建筑，盖里都能极其出色地把它们设计出来。

金鱼 *1992年*

1992年巴塞罗那奥运会召开前夕，在城市的沙滩上出现了一座独特的建筑雕像，其设计者就是盖里。他喜爱的鱼的形象再次出现，象征着宁静与安详。鱼鳞则是用金色钢片制成的。

这座雕像是首次使用电脑建模的成功案例，正是盖里将这项技术从飞机制造引入了建筑。有了这次成功使用电脑建模的经历，盖里开始大胆地转入下一个规模更大的设计，即毕尔巴鄂古根海姆美术馆。这是盖里的另一次有趣的尝试，在鱼的旁边有一个摇摇欲坠的球状雕塑，仿佛马上就要从屋顶上滚落下来。

盖里有资格被称为画家建筑师。他的大胆试验激励了整整一代追随者。虽然盖里本人并不认为自己是个解构主义者，但他总被认为是解构主义的奠基人。解构主义就是打破人们对于建筑结构习以为常看法的一种风格。

阿尔瓦罗·西扎

(1933—　　)

阿尔瓦罗·西扎出生于葡萄牙北部城市马托西纽什。他从小就与画笔为伴。据他自己说，小学时老师经常给他们布置一些不寻常的创造性练习。比如，老师会让孩子们先画一个盖上的盒子，然后再画一个打开的盒子，以这种方式培养学生的空间思维。进入中学后，西扎又掌握了更多基本的技能，比如绘图技巧和写生。

西扎的家人当中没有一个人接受过艺术教育，但是全家人都支持他的创作志向。他母亲不会画画，但给儿子提供各种帮助；他的舅舅也经常给西扎送来笔和纸，然后坐在旁边看着他画画。这些事让西扎多年后回想起来都感到格外温暖。

建筑师并不搞发明创造，他们不过是在改造现实。

西扎本想当一名雕塑家，然而有件事改变了他的计划。每年父亲都会利用一个月的公司年假时间组织全家人外出旅游，每次出发前都会准备周全：研究地图、阅读有关书籍、制订路线。1943年，全家人出发去巴塞罗那度假。在这里，10岁的西扎见到了安东尼奥·高迪的作品。这位加泰罗尼亚大师的每一栋建筑都是一件无与伦比的雕像，让西扎感到尤为震撼的是，就连房屋的门窗都那么与众不同。此次巴塞罗那之行的印象显然在西扎的脑海里打下了深深的烙印。他最终选择走建筑师的道路，而将雕塑家的理想珍藏于内心。

西扎的创作虽然很复杂，但他的作品非常巧妙地与周围风景融为一体，从外表看来有时甚至难以分辨。西扎用来创作的材料是传统的砖块和灰浆粉刷的普通墙体。西扎有一句名言："建筑师并不搞发明创造，他们不过是在改造现实。"这句话完美呼应了米开朗琪罗的那句名言："我只是捡起一块石头，然后把多余的部分去掉。"

葡萄牙国家馆

1998年(葡萄牙，里斯本)

1998年，葡萄牙首都里斯本迎来了一件国际盛事，世界博览会（EXPO'98）在这里隆重开幕。这次盛会同时也是为了纪念达·伽马开辟欧洲到印度新航线500周年。博览会召开的132天总共接待了1100万人次参观者。会场的主入口同葡萄牙国家馆的设计者都是西扎。在设计时他面临两大难题：一是如何建造一座举世瞩目的场馆，从而成为整个博览会的“名片”；二是博览会结束后如何保证场馆的再度利用。西扎的做法是将整个场馆分割成封闭和开放两部分。封闭部分按照极简主义理念设计，内部由众多方形房间组成，可以满足举办活动、办公等任何用途。

最精彩的设计还是第二部分，即开放的部分。在这里，西扎继续扮演了一个雕塑建筑师的角色。乍看起来，该建筑外形就像一个普通的遮阳棚。但实际上要复杂得多！首先，“遮阳棚”是用混凝土建造而成，但看起来异常轻盈。西扎完美地呈现出这一精巧的设计，使人觉得它仿佛是达·伽马的船帆，迎风招展。但这又是一个硬性结构，它同时承担了整个博览会的进口和出口两大功能。从这里一进去，参观者马上就能感受到世博会现场热火朝天的忙碌气氛。如果你累了，可以转身走出场馆，静静流淌的特茹河立马映入你的眼帘，它似乎完美地嵌入到建筑之中。西扎再次发挥出善于将建筑与周围环境融为一体的才能。

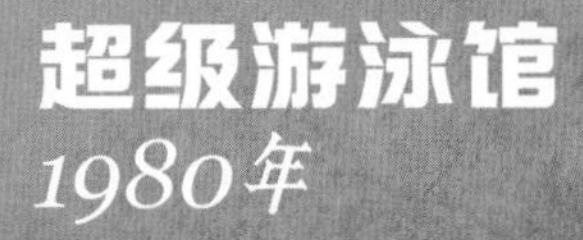

超级游泳馆

1980年

1980年，西扎在葡萄牙大西洋沿岸小城莱萨·达·帕尔梅拉设计建造了一座别具一格的游泳馆。游泳馆分为封闭和开放两部分，西扎的设计使游泳馆与周围景观看起来浑然一体，甚至很难发现游泳馆的存在。似乎方形的场馆和混凝土屋顶早在人类涉足之前就已经长久存在，人们只不过是学会了利用这个偶然寻见的宝贝而已。

火中的里斯本

1988年8月25日，里斯本发生了一次重大火灾。市中心的老房子大部分遭遇了灭顶之灾，其中18栋建筑被焚毁，还有许多办公楼和住房也烧毁严重。于是，西扎受邀负责市区的重建工作。重建过程持续了很久，直到2016年才最终完成。西扎一直保持着高超的技术水准。无论是材料还是颜色的运用，都与老城区的面貌协调一致。就连长方形石块也是按照传统方法铺设的。这才是真正专业性的表现，西扎并没有首先考虑满足自己的设计雄心，而是将城市和建筑摆在了首要位置。

水上办公楼 *2014年*

许多建筑师并未随着年岁的增长江郎才尽，专业水准反而日臻完善。阿尔瓦罗·西扎在81岁时完成了一项最大胆的设计——水上办公楼，这是为中国江苏省淮安市实联化工厂设计建造的办公楼。楼体扭转的弧线造型在委托方看来像一条巨龙，而对于中国人来说，龙正是神圣的动物图腾。或许这就是西扎设计的匠心所在。他再次证明，可以将建筑变成雕塑，同时还能保留建筑的实用性。建筑总面积为1.1万平方米，并在屋顶上打造了一座花园。这样，在这座人工湖面之上，除了办公楼，还增添了一片人工绿洲。这或许算得上是工业建筑中最现代的一种处理方式。

纸上建筑 *2008年*

纸上建筑一般指的是未能付诸实施的那些建筑，也就是只停留在图纸上。然而，当我们谈到西扎的建筑时，我们使用的是该词的另一层意思。他的建筑通常给人这种感觉，好像有一位巨人拿着一张纸和一把剪刀，剪好后放到合适的位置上。西扎为巴西画家伊坎·卡马戈基金会设计建造的博物馆就给人这种印象。如此复杂的外形不仅是思想天马行空的产物，也是迫于可用建筑面积太小不得已而为之。为了节省空间，展厅设计成位于不同高度，彼此间通过外部的过道连通，而且从这里还能看到库亚巴河的优美景色。西扎再一次将建筑与周围环境完美地结合起来。

圣地亚哥·卡拉特拉瓦

(1951—　　)

西班牙建筑师圣地亚哥·卡拉特拉瓦真可谓世界建筑史上有名的普通人。他平时常乘坐公交车，很少有人能认出他来。对此他一点也不觉得尴尬，虽然他位于美国《时代周刊》全球个人影响力排行榜前100名之列。他也是世界20多所大学的名誉博士，这可是为科技和文化做出重大贡献的人才能获得的殊荣。卡拉特拉瓦说过："我并不想挤破头成为顶尖的建筑师，我只想让自己的建筑流芳百世。"这句看似谦逊的话实际上透露出卡拉特拉瓦对自己期许甚高，不过按其成就来说，他完全名副其实。

我非常喜爱观察大自然，我一直在向大自然学习。

圣地亚哥·卡拉特拉瓦出生于西班牙巴伦西亚附近一个叫贝尼马米特的小村庄。8岁时，父母将他送进一家美术学校学习。中学毕业后，他考入巴伦西亚大学建筑系，此后又去了苏黎世继续深造，同时开始接收订单。和当代许多建筑师一样，卡拉特拉瓦也受到柯布西耶的影响，但是他对这位"头号现代主义大师"的先进理念进行了重大改造。卡拉特拉瓦在设计中将雕塑、工程和建筑结合在一起，从而创造出融合了技术和自然形态的独一无二的"仿生科技"风格。

卡拉特拉瓦是一位真正的浪漫主义者。大海给他的童年留下鲜明印象。他说："大海是一切的基础。"因此，他的建筑通常位于水边，同时突出自然的伟大和建筑的神奇。其建筑本身就足以令人称奇，再加上水中的倒影更是魅力倍增。

“半球”天文馆

1984–1989年

（西班牙，巴伦西亚）

卡拉特拉瓦的家乡巴伦西亚有一座科学艺术城，园区共由五栋建筑构成。除了卡拉特拉瓦，还有一位伟大的西班牙人菲利克斯·坎德拉也参与设计了其中的几栋建筑。这栋外形像眼球的奇特建筑是由卡拉特拉瓦设计建造的，它是一座天文馆，也是园区里最先开放的建筑。在它的“瞳孔”里是一个

3D电影院，而它的“眼睑”上长着一根根钢索“眉毛”，可以根据天气上下移动。

科学艺术城建于图里亚河干涸的河床之上。卡拉特拉瓦将大部分园区建成一个清澈的水池。这些建筑就像是考古发掘出的动物骨架浮出水面，来到岸上。

这座“半球”天文馆只有与水池中的倒影一起才能构成一个完整的眼球。该建筑是自然、雕塑、建筑、高科技以及人等因素相结合的杰出建筑典范。这也正是卡拉特拉瓦在每一项设计中追求的目标。

闪耀的教堂 *2012年*

数年之后，人们决定要重建该教堂。旧教堂是一座21世纪初建成的矮小建筑，夹在曼哈顿的摩天大楼之间。到了21世纪，卡拉特拉瓦负责重新设计，他保留了古老的拜占庭式教堂风格，同时又对这种风格做了当代解读。卡拉特拉瓦解释说：“与旧教堂一样，新教堂也应当成为曼哈顿下城区的一粒珍珠。”一定会的！教堂中央大厅使用了透光材料，即使没有灯里面也会发光。教堂立面用白色大理石建成，尤显庄重，即使周围商贸大厦林立，它也依然光彩夺目。教堂前面还修建了一座漂亮的公园。

卢西塔尼

1991年（西班

架设桥梁

卡拉特拉瓦一生建了多少座桥梁？这个问题恐怕他本人也无法马上回答出来。建造桥梁属于他的职业爱好。虽然每座桥梁的建造都由一整套固定的构件组成，但每次他都能巧妙地把一座桥梁变成独一无二的工程建筑。

和平桥

2012年（加拿大，卡尔加里）

塞缪尔·贝克特桥

2009年(爱尔兰,都柏林)

阿拉米罗大桥

1992年(西班牙,塞维利亚)

琴弦

卡拉特拉瓦既是建筑师、工程师，同时又是雕塑家。他从不使用电脑3D建模，所以办公室没有电脑。他就如同文艺复兴时期真正的大师那样，先手工画设计草图。通常他会借助雕塑手法缩小建筑尺寸，然后反复试验各种设计理念。他还创造出一系列将建筑与音乐相结合的雕塑作品，该系列被他称作“琴弦”。这是他的另一大爱好。

理查德·迈耶

(1934—　　)

理查德·迈耶是一个不爱抛头露面的人。关于他的童年我们知之甚少。他出生于美国纽瓦克一个葡萄园主家庭，家里一共有三个孩子。迈耶曾在美术学校读书，学校有个同学兼好友叫弗兰克·斯特拉，后来成为一位著名画家。迈耶自己说过，他从小就想当一名建筑师。

迈耶的第一个设计是其父母的住宅，1953年建成。自此以后他在建筑中只使用白色。

白色是我创作的标志。这是厘清建筑构思和增强外形感染力的指导性原则。它帮助我解决一个首要问题——如何玩转光线、空间和形状。

柯布西耶和俄国结构主义思想对理查德·迈耶产生了重大影响。然而有趣的是，他是通过否定弗兰克·劳埃德·赖特的建筑理念而走上钟爱白色建筑之路的。迈耶对赖特的有机建筑进行了研究，发现建筑与周围环境的融合只不过是采用了天然材料。他明白，这不是自己的风格。他利用白色来强调，建筑是人工创作，无须伪装隐匿在自然景色之中。

得益于与生俱来的品位和对建筑文化与历史的深入了解，迈耶设计的建筑显得无比复杂。他的建筑在任何环境中都很醒目，倒像是环境自己完美地镶嵌在他的建筑中一样。他的建筑总是很轻盈，但丝毫不失细节，就如同在参观者眼前绘制出来的一般。他的同事们甚至曾批评过他“绘制感过强”。他的建筑线条明晰，他本人也是如此，思路清晰、观点明确、充满自信。他很反感将建筑师按风格和时代来划分，为此他解释道：“我看柯布西耶、阿尔托和赖特的建筑与我看博罗米尼、布拉曼特和贝尼尼的建筑是一样的。我感兴趣的不是建筑的外形，而是他们解决空间问题的途径。”

现代艺术博物馆

1995年(西班牙，巴塞罗那)

博物馆坐落于巴塞罗那哥特式街区。这里至今仍然保留着中世纪城市的样貌：石子路铺设的窄巷，房屋彼此紧挨在一起。而理查德·迈耶设计的现代艺术博物馆就建于其中，建筑带有迈耶的标志性特征：大面积玻璃幕墙和白色墙面，仿佛是在格子纸上绘制而成。博物馆前面有一个热闹的大广场，每天都有年轻人在这里玩滑板，咖啡厅的阳台上人声鼎沸。

在博物馆内部空间的处理上迈耶遵循了柯布西耶的“漫步空间”原则，展厅与展厅之间通过一条坡道串联起来。在迈耶看来，这条坡道象征着一种转变，即从城市的喧嚣转入博物馆的宁静。坡道沿着玻璃幕墙蜿蜒而上，透过玻璃，身处博物馆宁静之中的游客可以看到外面城市的喧闹场面。博物馆从外到内都是白色的，如果它不是建在巴塞罗那哥特式街区的话，效果可能要逊色很多。迈耶明白，他是在与周围环境的强烈反差中做设计，因此他曾说过：“根本不希望到处都是白色建筑。”

扎哈·哈迪德

(1950—2016)

哈迪德是世界上第一位获得最高级荣誉的女建筑师。除获得许多知名建筑奖项以外，2012年她还被授予英国爵级司令勋章。哈迪德出生于伊拉克巴格达的显贵之家，她的父亲曾担任伊拉克财政部部长，母亲是一位画家。正是母亲培养了女儿对美好事物的感知力和非凡的数学才能。

哈迪德先后就读于英国和瑞士的封闭式管理的女子学校。毕业后她获得了数学专业学士学位。再后来哈迪德决定继续学习建筑，思想开明的父母将她送入当时最先进的建筑联盟学院，接受名师的指导。

俄国先锋派最吸引我的是他们的果敢、
冒险以及创新精神，
他们努力追求一切新事物，
并且相信发明的力量。

俄国先锋派艺术家的创作对哈迪德建筑思想的发展起到了重大推动作用，尤其是马列维奇对她的影响最大。

刚从建筑联盟学院毕业，她的老师雷姆·库哈斯就邀请她去自己的大都会建筑事务所（OMA）工作。然而，哈迪德并不喜欢团队工作，于是20世纪80年代她创办了自己的事务所。她的设计理念异常大胆，因此很长时间都只能停留在纸上。尽管如此，她还是从众多建筑设计大赛中脱颖而出。1988年，在纽约举办的一次大型现代建筑展上，她终于崭露头角。后来，她成了弗兰克·盖里的朋友。因为这层关系，1993年她完成了个人的首个设计——位于德国维特拉园区的维特拉消防站。

在23年的工作中，哈迪德完成了许多重要且别具一格的建筑设计，建筑界甚至还出现了“扎哈·哈迪德风格”这个专有名词。在她的忠实伙伴帕特里克·舒马赫的帮助下，扎哈·哈迪德建筑事务所（ZAHA HADID ARCHITECTS）至今依然按照这位伟大女性所指定的方向前行。

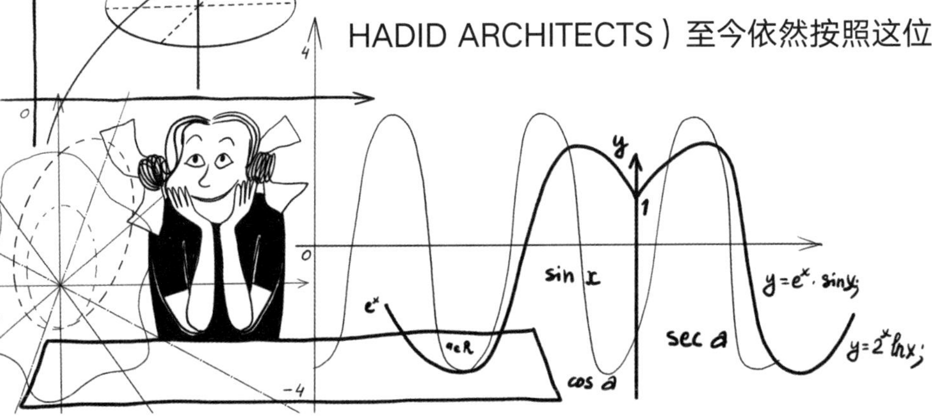

伯吉瑟尔滑雪台

1999—2002年(奥地利，因斯布鲁克)

虽然哈迪德性格有些倔强，但她的建筑风格如女性般柔和。她所设计的建筑都具备这样的特点：无论内部还是外部轮廓都十分流畅顺滑。

伯吉瑟尔滑雪台属于哈迪德早期的设计。1999年，奥地利政府决定重修这座年久失修的滑雪台，举办了一次设计大赛，哈迪德最终胜出。2001年项目开始动工，完成的时间比预定的要早些。这也证明了哈迪德的设计能力是过硬的。

如今，伯吉瑟尔滑雪台高耸于阿尔卑斯山的森林和草原之上，它似乎也是扎哈·哈迪德本人的象征，象征着她在建筑设计事业上向前跳跃了一大步，同时证明建筑不仅仅是男性专属的职业。

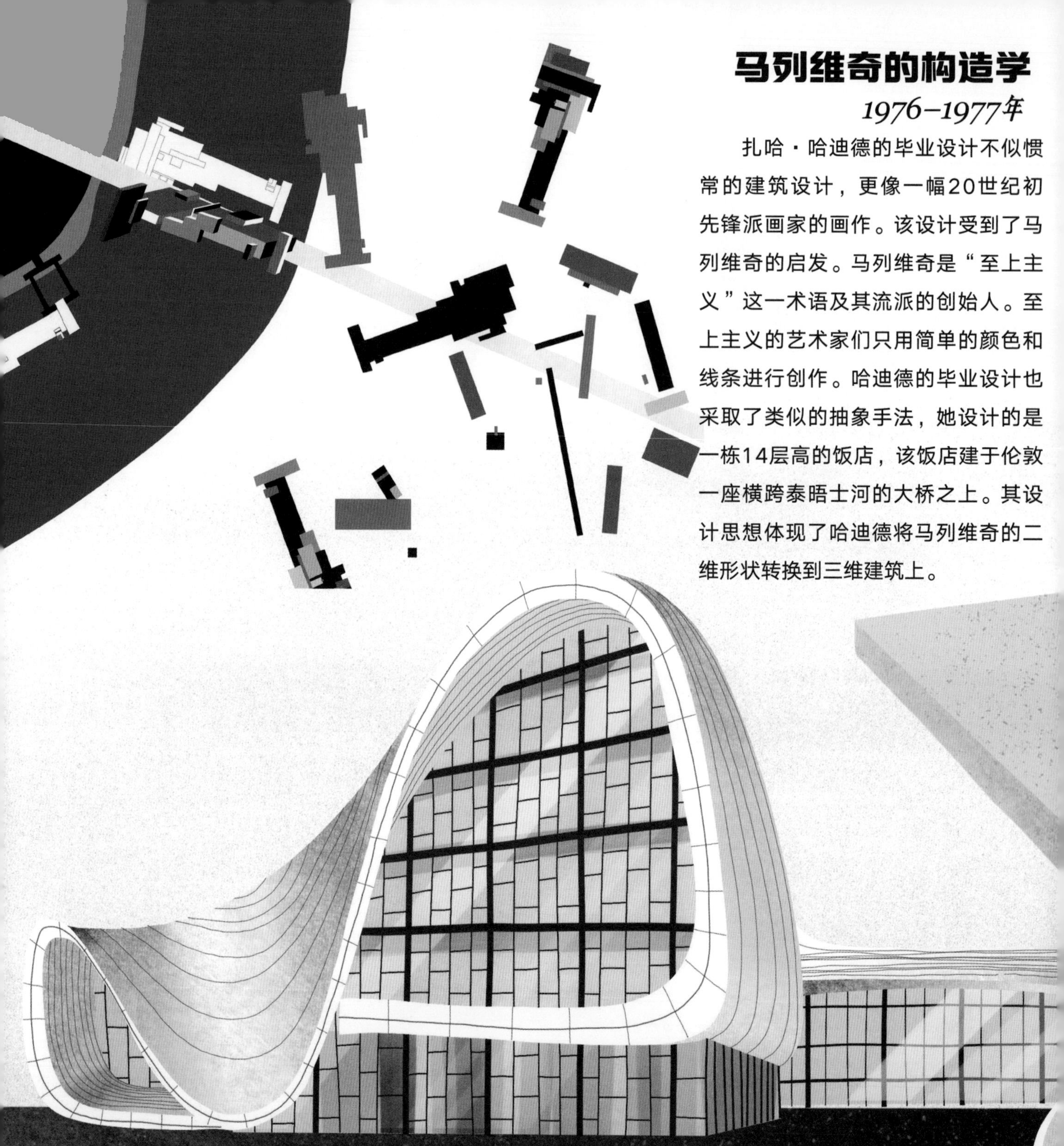

马列维奇的构造学

1976—1977年

扎哈·哈迪德的毕业设计不似惯常的建筑设计，更像一幅20世纪初先锋派画家的画作。该设计受到了马列维奇的启发。马列维奇是“至上主义”这一术语及其流派的创始人。至上主义的艺术家们只用简单的颜色和线条进行创作。哈迪德的毕业设计也采取了类似的抽象手法，她设计的是一栋14层高的饭店，该饭店建于伦敦一座横跨泰晤士河的大桥之上。其设计思想体现了哈迪德将马列维奇的二维形状转换到三维建筑上。

盖达尔·阿利耶夫文化中心

2007—2012年
(阿塞拜疆，巴库)

哈迪德本人将巴库的阿利耶夫文化中心视为自己最重要的设计之一。该设计与她早期的那些直线型设计试验形成强烈反差。这次的设计完全展示了哈迪德的招牌风格，即后来成为专有名词的“扎哈·哈迪德风格”。整个设计没有一条直线，全部线条都是流畅顺滑的。哈迪德把这一设计比喻成东方的文字和图案，其中各种符号和标志间的衔接如水般流畅，如丝般顺滑。

文化中心大楼的建造运用了独特的设计和现代工艺，这使得该建筑不仅与城市风景搭配得十分协调，并且本身就是城市景观的组成部分

女建筑师

虽然哈迪德从事的在以前被认为是男人的专属职业，但她本人是一位非常光鲜亮丽的女性，穿着虽有些大胆，但看起来完美无瑕。她一边领导着重大的设计项目，一边从事一些小物件的设计：鞋子、手提包、眼镜、首饰、帽子以及一些室内生活用品。扎哈·哈迪德为世界建筑艺术的发展做出了巨大贡献。她以自己的经历证明，性别差异不代表专业水平的高低。

词汇表

先锋派

该术语是从军事词典借用到艺术领域的。法语原意为“先头部队”。19世纪与20世纪之交的艺术界爆发了一场古典派与新派艺术家之间的大论战。论战的结果是现代艺术中诞生了众多不同的风格，于是便统称为“先锋派”。

吸声顶棚

一种特殊的吊顶方式，用于保证声音更加优质地在建筑物内部传播。建筑师在设计对声音质量有特别要求的场馆（比如音乐厅、教堂大厅、报告厅等）时，通常会邀请声学专家作为顾问。

帝国风格

这是一种建筑风格，诞生于19世纪初拿破仑时期的法国，因此该单词来源于法语。帝国风格实际上是一种特别庄重、奢华的古典主义风格，它基于对古希腊罗马建筑的模仿。

中庭

位于建筑的中央，指的是建筑内部的庭院空间。中庭是建筑中由上、下楼层贯通而形成的一种共享空间，通常中庭的顶部是天窗。

富勒穹顶

一种轻盈的网格状半球体结构。富勒穹顶根据不同的结构造价可具有不同的体积。美国建筑师和工程师巴克敏斯特·富勒在20世纪中叶发明了这种穹顶。通常富勒穹顶用于建造无须承重立柱的暖房、音乐厅、仓库以及其他大型厂房。

双曲面

一种巧妙的网状结构，外形酷似花瓶的瓶颈。虽然“瓶颈”是弯曲的，但网格由许多直线条构成。它们就像是下锅煮之前攥在手里的意大利面。这种结构可以用来建造外形复杂的高大建筑，而其内部空间则非常宽敞。俄国工程师弗拉基米尔·舒霍夫是世界上将双曲面结构运用于建筑中的第一人。

人道主义

这是一种世界观。它认为世界上最重要的是人。从广义看，人道主义就是仁爱。

前工业化时期

指的是人类从手工劳动转变为大规模机器生产之前的时期。18—19世纪开始的工业革命不仅从根本上改变了建筑的发展进程，而且这种变化还波及人类的一切存在方式。

天窗

屋顶上开口朝上的窗户，它有利于自然光线照射进建筑的内部。

房屋构架

实际上就是房屋的骨架。它由承重结构和楼层、屋顶等承重构件所组成。

悬臂

建筑物的一部分，由于没有支撑似乎悬在空中一般。比如，普通的阳台就可以看作悬臂。建筑师经常会使用悬臂设计一些博人眼球的建筑。

构成主义

构成主义出现在1922—1930年间的苏联文化艺术领域，是建筑领域的一个流派，虽然它存在的时间短暂，但成果卓著。后来苏联的构成主义被盛装的帝国风格取代。

构件

指的是柱、梁、桁架等组件，用于加固整个建筑物或者建筑物的一部分。

景观

指的是建筑师建造房屋时周围的自然环境。还有一种专门的景观建筑师，他们的主要任务是塑造周围环境。

极简主义

现代建筑中的一个流派。极简主义特别重视外观，建筑外观必须要完美、简洁，必须使用最少的颜色和构件。

承重立柱

指的是建筑中垂直方向的支撑物，用于支撑全部楼层和屋顶。比如，支撑起遮阳棚的那根杆子就属于承重立柱。

承重结构

建筑物用于支撑楼层和屋顶的构件。传统的承重结构位于建筑物内部，一般由立柱和墙体所构成。20世纪中期开始，建筑师们学会了把承重结构移到建筑物的外部。

有机建筑

该术语首先让人联想到弗兰克·劳埃德·赖特的建筑设计。他坚持认为，建筑不仅是与景观的完美结合，而且应该与大自然融为一体，因此他经常使用天然材料。

玻璃幕墙

建筑立面上被玻璃覆盖的墙面。玻璃幕墙与窗户的区别在于，玻璃幕墙既是窗户也是墙面。比如，如今任何一栋摩天大楼的外墙都被玻璃覆盖，所以有时很难辨认出各楼层之间的分界线。

国家馆

国家馆一般指的是代表某个国家参加某次重大国际展览会的场馆。国家馆可能是临时的，也可能是永久的展览馆。每一座国家馆的设计都会尽可能引人注目。而能够负责国家馆的设计对任何建筑师来说既是莫大的荣耀，同时又是对其创作的严峻挑战。

比例

比例是建筑学中一个最简单，同时又是最复杂的概念。实际上，比例指的是建筑物各部分之间在尺寸大小方面的相互关系。建筑师们经常把大自然中的比例作为建筑的黄金比例。比如，古希腊人在建造神庙时，就是以人身体的比例作为参照的。而供奉男神的希腊神庙，其柱子则是按照一个普通男性的比例建造的。

立面

立面属于建筑的间隔结构，是它的“脸面”，也就是参观者看到的建筑正面。大部分建筑物都有正立面、背立面和侧立面。

功能主义

功能主义是一种诞生于20世纪的建筑设计流派。功能主义建筑师努力做到使用便宜的建筑材料和室内家具，但同时保持设计的美观。对功能主义者来说，最主要的是在设计中舍弃那些只有装饰作用的构件，因为一切都应当有用途。功能主义风格是包豪斯学院毕业生们创作的共同特点。

桁架

指的是用于支撑屋顶或者比屋顶更高层的一种结构，从而不需要在内部巨大的空间里设承重立柱。桁架的外观像是由一系列上下都被横梁夹住的三角形构成。在一些大型商贸中心或者仓库里可以看到外露的金属桁架。在俄罗斯城郊的一些房子里也可以看到由桁架支撑的三角形屋顶，但这里的桁架使用的是木质材料。

高技派

高技派是现代建筑领域众多流派中的一个。高技派的主要思想就是将建筑与高科技结合起来。高技派建筑师在做建筑设计时，不仅要与建造师，而且还要与工程师一道并肩合作。

文艺复兴时期

指的是14—16世纪人类文化发展中一个非常重要的时期。该时期的大师们研究和复兴了欧洲中世纪时被遗忘的古希腊和古罗马传统，同时也对这些传统进行了反思。文艺复兴的中心是意大利，它继承了古罗马的传统。在欧洲中世纪，建筑师的名字无人知晓。而到了文艺复兴时期，建筑师成了非常重要和体面的职业。文艺复兴时期的伟大建筑师的名字至今仍被人铭记，比如布鲁内列斯基、米开朗琪罗、帕拉第奥等。